After Effects
动态图形设计

入门技法与基础创作

（第2版）

郑斌——编著

人民邮电出版社

北 京

图书在版编目（ＣＩＰ）数据

After Effects动态图形设计 ： 入门技法与基础创作/
郑斌编著. -- 2版. -- 北京 ： 人民邮电出版社，
2023.7
　ISBN 978-7-115-60123-0

　Ⅰ．①A… Ⅱ．①郑… Ⅲ．①图象处理软件 Ⅳ．
①TP391.413

　中国版本图书馆CIP数据核字(2022)第182566号

内 容 提 要

　　这是一本 After Effects 动态图形制作教程。全书共 5 章：第 1 章介绍了动态图形的分类、起源与发展、应用范围及表现形式，以及制作动态图形的必要性；第 2 章是本书的重点，结合案例讲解了制作动态图形所用到的 After Effects 软件知识；第 3 章讲解动态图形设计的理论、思维及创作流程；第 4 章是动态图形设计案例的完整制作流程讲解；第 5 章介绍了动态图形设计的创意提升与未来发展。本书提供案例作品的动态效果展示视频及制作过程的讲解视频，扫描书中的二维码即可在线观看；制作案例所需的素材文件及工程文件支持下载。

　　本书适合动态图形设计初学者、互联网产品设计师及其他对动态图形感兴趣的读者阅读，也可作为设计院校相关专业的教材。

　◆ 编　著　　郑　斌
　　责任编辑　王振华
　　责任印制　马振武
　◆ 人民邮电出版社出版发行　　北京市丰台区成寿寺路 11 号
　　邮编　100164　电子邮件　315@ptpress.com.cn
　　网址　https://www.ptpress.com.cn
　　涿州市般润文化传播有限公司印刷
　◆ 开本：787×1092　1/16
　　印张：12　　　　　　　　　　2023 年 7 月第 2 版
　　字数：360 千字　　　　　　　2025 年 1 月河北第 6 次印刷

定价：89.00 元
读者服务热线：(010)81055410　印装质量热线：(010)81055316
反盗版热线：(010)81055315
广告经营许可证：京东市监广登字 20170147 号

前言

很荣幸能与大家分享我对 MG 的理解和认识。与其说本书在教大家制作 MG，不如说它在分享一些思维和方法。当你看到书名时，可能已经对 MG 产生了一些想法，并开始搜寻你掌握的概念，这就是一个有效的思考过程。

MG 简洁且生动有趣，不同于传统形式的动画，它更符合设计领域的形式构成，富有规律性和抽象的美感。你能快速从 MG 中获取关键的信息，但并不能一次就完全领会作者赋予作品的所有创意点。因此，MG 能够吸引人反复观看并品味其中的乐趣，从思想层面与创作者进行交流。在移动互联网时代，MG 愈加受重视。现在它承担着人（用户）与机器（设备）之间高效率合作的重要任务。一些产品功能与相关概念通过 MG 的演绎，会变得更通俗易懂、妙趣横生。

在这个极速发展的时代，各行各业的从业者每隔一段时间就要耗费精力去接受新事物、适应新环境。科技、商业模式、信息传播方式、艺术表达形式、用户思维与意识……几乎所有东西都或多或少地随着时代进步而发展、更迭。乐于思考的你，或许想要知道是什么主导着这一切。我也曾经反复思考过这个问题，并在多年的学习和工作中不断整理和总结，结果发现了一个很有意思的现象：在艺术设计领域，我们经常可以看到复古风格的作品；在科技领域，我们不时会看到一些似曾相识的产品，但它们又有所创新。科技是一种实现手段，而基于这种手段所实现的产品，则是一种载体或者说是介质。这些产品可以承载信息内容，作为接收者的用户和创作者能够在此基础上得到新的灵感，催生新的思维，并因此形成新的市场需求，反过来继续促进科技的发展。这是一个螺旋形上升的循环推进过程。

以上所述内容中很大一部分可能与本书没有直接关联，但我能够有机会与大家分享我的认知，无不基于这样的思考过程。本书教大家如何运用工具完成创作，并提供创作的思维方法。希望你在阅读本书的过程中，能够把思考的习惯贯彻到每一个部分。本书的内容前后有不同程度的关联，建议联系前后进行阅读，这样能够帮助你形成整体思维。

　　本书对软件的讲解虽然贯穿从基础入门到制作方法的整个过程，但没有对所有功能进行逐一介绍，因为工具在不断更新，更方便的软件也在不断地被开发出来。我们的目标是把一些思维方法与制作经验运用到创作中，而不受工具限制。所以我会把一些创作技巧作为关键内容，也把部分制作过程录制成视频提供给大家观看。

　　生活中有很多有意思的创意来源，很多时候我们没有找到合理利用它们并形成创意的方法。所以在学习技法的过程中，更多的是重复已掌握的技法并组合应用。不可否认，很多高手起初也是从模仿开始学习的，这是一个必要的学习过程。本书也有专门的章节教你如何带着思考去模仿与学习，但我们的最终目标是创作出能表达自己创意的作品。

　　非常感谢你购买并阅读本书，希望本书能带给你快乐的学习体验。

郑斌

资源与支持

本书由"数艺设"出品，"数艺设"社区平台（www.shuyishe.com）为您提供后续服务。

配套资源

案例制作过程的讲解视频（在线观看）

MG 作品效果展示视频（在线观看）

素材文件和工程文件（支持下载）

提示

微信扫描二维码，点击页面下方的"兑"→"在线视频 + 资源下载"，输入 51 页左下角的 5 位数字，即可观看全部视频。

"数艺设"社区平台，为艺术设计从业者提供专业的教育产品。

与我们联系

我们的联系邮箱是 szys@ptpress.com.cn。如果您对本书有任何疑问或建议，请您发邮件给我们，并请在邮件标题中注明本书书名及 ISBN，以便我们更高效地做出反馈。

如果您有兴趣出版图书、录制教学课程，或者参与技术审校等工作，可以发邮件给我们。如果学校、培训机构或企业想批量购买本书或"数艺设"出版的其他图书，也可以发邮件联系我们。

关于"数艺设"

人民邮电出版社有限公司旗下品牌"数艺设"，专注于专业艺术设计类图书的出版，为艺术设计从业者提供专业的图书、视频电子书、课程等教育产品。出版领域涉及平面、三维、影视、摄影与后期等数字艺术门类，字体设计、品牌设计、色彩设计等设计理论与应用门类，UI 设计、电商设计、新媒体设计、游戏设计、交互设计、原型设计等互联网设计门类，环艺设计手绘、插画设计手绘、工业设计手绘等设计手绘门类。更多服务请访问"数艺设"社区平台 www.shuyishe.com。我们将提供及时、准确、专业的学习服务。

目录

第 3 章

理论、思维与创作

第 4 章

进阶 MG 案例的制作

第 5 章

MG 设计的创意提升与未来发展

第 1 章

进入 MG 世界

　　不知从何时起，我们在社交平台、多媒体平台及各种各样能够接触到艺术内容的地方，开始注意到一些有意思的事物，它们由简单的图形和丰富而有规律的动画构成。虽然我们在观看它们的过程中有目不暇接的感觉，但也很容易理解它们传达出的信息。这种形式的作品越来越多地出现在我们身边，它就是 MG。

1.1 丰富多彩的 MG 作品

　　Motion Graphics，译为动态图形，简称 MG。MG 的火热与移动互联网的迅速发展密不可分。相比于台式计算机，移动设备的人机交互更频繁，形式更丰富，而串联这些交互需要动态视觉设计，因此 MG 也可称为交互动画。人们对于 MG 的理解，可能是访问网站页面时所看到的 GIF 小动画，也可能是手机 App 中生动有趣的页面跳转效果，抑或其他呈现形式。既然用"丰富多彩"来形容它，那么下面就来一探究竟吧。

1.1.1 简洁的 MG 作品

　　移动设备上的 MG 作品主要表现为 App（Application，应用程序）启动动画、引导页的交互设计及活动页面等形式，其视觉效果较为简单。移动设备上的 MG 作品通常能起到使产品更人性化、增强用户与产品的互动，以及促进广告营销等作用。

　　随着谷歌近年来对质感设计（Material Design）理念的推广，动态图形设计越来越受重视，我们几乎在每一款谷歌产品中都能找到充满趣味的视觉元素。谷歌在一些特殊的日子（如纪念日、节日等）都会设计一些趣味插画场景（即谷歌涂鸦），这种演绎形式逐步影响了其产品的视觉风格，也为谷歌 MG 作品的诞生提供了强有力的支持。图 1-1 所示是谷歌为了纪念《神秘博士》开播 50 周年而制作的 MG 作品的截图。

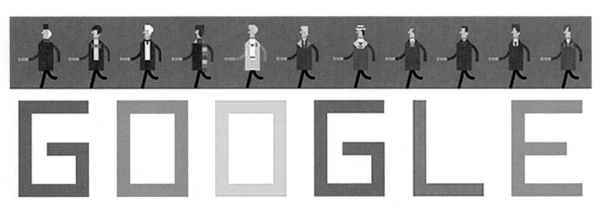

图 1-1　纪念《神秘博士》开播 50 周年的 MG 作品的截图

谷歌除了擅长制作插画类 MG，还擅长制作用于移动设备的模拟纸张材料的启动动画，如谷歌相册、谷歌日历、Inbox，如图 1-2 所示。这些设计中增加了简单的光影、色彩变化效果，更强调空间关系，其动画对现实中的力学规律进行模拟，看起来简约而生动。

图 1-2　谷歌 App 图标

除此之外，还有 App 启动之后的引导页面，往往通过数张带有视差滚动效果的插画来诠释产品功能，简洁明了。用户第一时间被色彩明快的插画所吸引，然后就会阅读功能文字。这样一来，无论是用户对产品功能的认知还是品牌文化的表达都恰到好处。

移动设备上的 MG 作品简单而精致。图 1-3 所示为谷歌日历 App 的启动页面，没有过于花哨的视觉效果，且给人以高效、流畅的体验。

图 1-3　谷歌日历 App 的启动页面

1.1.2　复杂的 MG 作品

图 1-4 是一个 MG 作品的截图，作品中丰富的图形变换、快节奏的动画转场配合音乐节奏，让人目不暇接。作品中的图形元素由点、线、面组成，均是动态的，并且以各种意想不到的方式进行转换，让人沉浸其中。

图 1-4　Trend Infinite Zoom MG 作品截图

MG 可以模拟抽象认知，甚至把一些类似于人思考过程的东西都表达出来，这是其他静态设计形式难以做到的。MG 之所以能不受拘束地进行表达，根本原因在于其基础元素足够简单、抽象。换句话说，MG 非常像运动起来的平面视觉设计。MG 的优势还不止于此。

当运动的视觉元素增加了空间维度之后，3D 的 MG 就产生了。图 1-5 所示类型的动画更多出现在电视广告或各类视频节目的片头中。视觉元素丰富的变换形式，配合镜头运动与光线变化，能在纷繁复杂的舞台演绎中，表达出核心含义（如节目名称或主题图案等）。

图 1-5　SPORTIA 2014 MG 作品截图

近年来，随着扁平化简洁设计理念的流行，3D 设计中也开始采用不同于 2D 设计中的扁平化设计方法，如使用 Cinema 4D 制作的 MG 作品，如图 1-6 所示。此类 MG 更多用于产品介绍或动画短片等。

图 1-6　用 Cinema 4D 制作的 MG 作品截图

图 1-7 所示为一个使用真实场景合成的 MG，抽象图形发出的彩色光在道路上产生环境反射效果，提高了影像的可信度。如果你接触过摄影，熟悉夜景长曝光摄影技巧，看到这个 MG 的截图就可能会感到亲切。试想一下这个场景动态化之后的效果，你是否会对 MG 产生一种新的认识？

图 1-6 和图 1-7 虽然会带给人完全不同的视觉体验，但对基础图形元素的使用、不受拘束的创意表达，以及丰富的图形变换是相同的。

图 1-7　Night Stroll MG 作品截图

注：前面提到的基于静态视觉设计的 MG，实际遵循的仍是设计的三大构成理论，在 MG 作品中很容易看到基于此理论的静态和动态的视觉表达。MG 是运动起来的静态视觉设计，它来源于平面设计，服务于各个设计领域。平面设计所包含的各类视觉元素都可以作为 MG 的素材和舞台角色。除了常规运动外，如果配合使用粒子系统，就能够获得令人惊叹的视觉效果。这也是 MG 与传统动画最大的区别，从元素到设计理念都高度抽象化，却不完全脱离实际。

1.1.3　基于现实且充满艺术感的 MG 作品

　　MG 的呈现形式并不一定都是抽象的，前面我们就看到了基于现实场景融合抽象元素的呈现形式。反过来，基于现实元素的抽象表达也是一种思路，这就是照片动态化和动态插画的由来。

　　图 1-8 展示的是相机映射（Camera Mapping）技术分解。这种技术将照片作为贴图附着在三维模型上，让原本静态照片中的元素进行限定范围的运动。当你看到照片中呐喊的球员时，是否能够想象赛场中沸腾的那一瞬间？在相机映射技术的支持下，照片中的元素能够在立体空间运动起来，满足你的想象，这就是 MG 对于人思考过程的表达。除此之外，插画作品也可以运用这样的动态手段表现出更丰富的情节，如动态插画等。

图 1-8　相机映射技术分解

　　图 1-9 所示为美国暴雪娱乐公司出品的游戏《炉石传说：魔兽英雄传》的片头动画截图。片头部分进行了动态图形设计，使用了粒子特效、3D 运动、骨骼及网格动画等技术手段，将极富个性的角色活灵活现地演绎出来。一直以来，插画这种艺术形式就有着独特的魅力，且不可被摄影、3D 图形设计等形式所取代。取材于真实历史故事与神话传说，并融入了艺术家的思考与艺术表达的插画设计作品，具备很高的欣赏价值。动态插画之所以被笔者归类到 MG 中，是因为它保持了动态图形设计的理念，并将之升华到了更高的层次。如果你对于游戏美术有足够的兴趣，动态插画是值得你研究的方向。

图 1-9　《炉石传说：魔兽英雄传》的片头动画截图

　　本节对 MG 进行了基本介绍，大家可以结合后面介绍的实际应用领域找到适合自己的研究方向。

1.2 MG 的起源与发展

1.2.1 MG 的起源

MG 最早于 20 世纪 50 年代出现，索尔·巴斯（Saul Bass）是开创者。作为平面设计师与电影美术制作师，他率先将 MG 的概念引入电影片头中。

图 1-10 所示为电影《圣女贞德》（*Saint Joan*，1957）的动态片头截图。伴随着摇曳的圆形物体，镜头逐渐拉近，屏幕上出现越来越多的圆形物体，通过抽象的时钟摆动形象，预示主人公贞德拯救法国的使命降临（此为笔者自己的感受）。重叠交错的摇曳物体与片头字幕过后，出现了影片名，随后淡入影片第 1 幕。《圣女贞德》的动态片头就是索尔·巴斯的代表作之一。

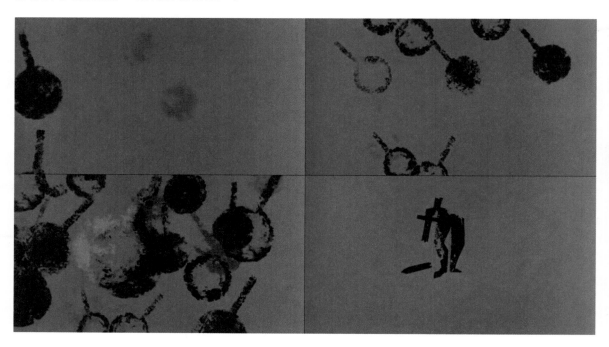

图 1-10 《圣女贞德》的动态片头截图

而真正将 Motion Graphics 这一概念变成术语的却是美国著名动画师约翰·惠特尼（John Whitney）。1958 年，他与索尔·巴斯合作为电影《迷魂记》（Vertigo，1958）制作了动态片头。图 1-11 所示为《迷魂记》的动态片头截图。至此，Motion Graphics 的概念被正式确定下来，这为其此后的发展奠定了非常好的基础。

图 1-11 《迷魂记》的动态片头截图

1.2.2 艺术与技术的能量释放

20 世纪 80 年代是电子科技飞速发展的时代。随着有线电视、录像带、录音设备、电子游戏等的普及，商业化的动态图形艺术开始爆发。如果要用一句话形容这一时期各行各业的快速发展，那就是艺术与技术的能量释放。

在有线电视领域，最早使用 MG 的是美国广播公司、哥伦比亚广播公司和美国全国广播公司（美国全国广播公司的标志短片截图如图 1-12 所示）。随后，越来越多的电视频道采用了 MG 这种艺术形式。

图 1-12 NBC 标志短片截图

随着计算机图形技术的高速发展及个人计算机的普及，Photoshop、After Effects 等图像合成与动态影像编辑软件先后面世，制作复杂的动态图形的成本越来越低。这让更多的公司有能力进行高质量的动态视觉设计，后来大部分电子媒体上都出现了 MG 的身影，如图 1-13 和图 1-14 所示。

图 1-13 20 世纪福克斯电影公司的影片片头截图

图 1-14　Postolar Tripper's 音乐视频截图

1.2.3　互联网赋予 MG 新生命

从 2000 年开始，互联网的高速发展给人们的生活带来了巨大的冲击。首先是个人计算机硬件与互联网技术的迅速发展，然后是多媒体视频网站与社交网站的大量出现，再就是随着移动互联网的发展而诞生的众多 App，这些彻底改变了人们的生活方式。随着各类媒体平台的发展，已有的艺术表现形式也发生了相应的变化，甚至还催生出新的艺术表现形式。

从设计趋势来看，近几年无论是微软、苹果还是谷歌都开始推行扁平化设计，推动视觉扁平化逐步发展为理念扁平化，这让传统平面设计与互联网建立起强联系。互联网设计师越来越重视用户的视觉体验和使用体验，甚至是心理感受。于是，MG 成了互联网及移动互联网中非常重要的艺术表现形式。新技术和新平台，让 MG 的价值得到进一步提升。谷歌的扁平化设计作品如图 1-15 所示。

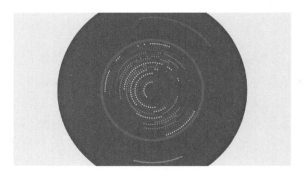

图 1-15　谷歌的扁平化设计作品

前面简要介绍了 MG 的发展历程。短短几十年，它经历了科技飞跃、艺术发展和人们认知提升的过程。

1.3 MG 的应用范围及表现形式

1.3.1 MG 成为一种广告表现形式

前面提到随着互联网的发展，MG 开始成为非常受欢迎的艺术创作形式之一。各类媒体平台上 MG 视觉风格的产品广告越来越多，并且很多都是基于扁平化设计理念来演绎和传播的。这类广告带给用户极佳的视觉体验，这便是时代发展带来的产品与服务的进步。

图 1-16 所示为美国一家快递公司的信息图形，其产品介绍就是以 MG 形式呈现的。这样做的好处是既可以降低成本，又符合用户的观看习惯，从而更容易被用户接受。对用户而言，MG 能带来更流畅的视觉体验，且能快速而不受干扰地将产品的功能介绍清楚。因为 MG 是一种能为大众广泛接受的艺术表现形式，甚至可脱离解说词和背景音乐，单凭画面就能让观众在一定程度上明白整个动态图形所表达的内容。因此，MG 被广泛应用于公交视频和地铁站的动态广告中。

图 1-16　以 MG 形式呈现的产品介绍

商业广告在生活中随处可见，它是 MG 当下的主流应用形式之一，并且在将来较长一段时间里仍会作为 MG 的一种主要应用形式而存在。

1.3.2 MG 成为节目的一部分

这是 MG 的第 2 种主要应用形式。目前，很多电视节目的动态片头都是以 MG 的形式演绎的。此外，MG 还被应用到赛场直播等节目中。MG 很早之前便被应用于电视节目中，将来可能会有更丰富的创意形式，会更多地被应用到节目中，成为节目的一部分。

图 1-17 所示为 2014 年巴西世界杯官方宣传片截图。该宣传片片头采用了清新的 3D 动画来表达足球王国对于这项体育运动的热衷。如果你看过这个片头，可能会产生一个疑问：此动画短片中出现了具体的角色形象与城市场景，更像是一部 3D 动画片，那它与 MG 有何差别，或者说这部短片是否属于 MG 范畴呢？

图 1-17 2014 年巴西世界杯官方宣传片截图

虽然 MG 与传统的动画并没有非常严格的界限，但是我们依然可以将这个宣传片的片头归类到 MG 中。因为它虽然有具体形象，但没有语言和情节。我们仅通过观看宣传片的片头画面，就能理解这个短片要表达的完整含义。从讲述故事的角度来看，这是一种对接我们感官与大脑的抽象表达形式。

MG 在将来会以更加多样化的形式呈现出来，成为节目不可或缺的部分。这也是创作者进入 MG 相关行业的重要方向之一。

1.3.3　MG 成为记录生活和创意的方式

纯粹的 MG 作品已经在社交网络传播中形成了一股潮流，有的是表现个人创作者兴趣的作品，有的是关于内容营销的作品。一个优秀的个人品牌 MG 作品可以成为一张名片，让他人更快地了解创作者。

MG 通常会快节奏地讲述故事，其中的角色更类似于形象和符号，在必要的情况下加入旁白、独白和音效，而不是由角色主动通过台词与动作来推动情节的发展。MG 与传统动画的最大区别在于表达方式的不同。但从创作角度来看，这种区别并不是绝对的，可根据需要灵活选择。

将 MG 作为记录生活和创意的方式，也是本书所推荐的方向之一，如图 1-18 所示。曾经我们为记录生活可以写博文或创建影集；如今我们可以通过直播分享生活，在共享时光的过程中获得快乐；将来我们还可以把自己即兴创作的 MG 作品分享给他人。通过阅读本书，你会发现这并不是一件很难的事。

图 1-18 个人发布的 MG 作品截图

1.4 为什么要制作 MG

从欣赏 MG，到回顾 MG 的一路发展，再到了解 MG，才意识到它早已出现在我们的生活中。MG 简洁明了、生动有趣、富有表现力，是一种适合各年龄段人群接收信息的载体。MG 作品截图如图 1-19 所示。究其原因，MG 在很大程度上模拟了真实生活场景，符合人们观察事物的规律与过程，是一种重现人们对事物认知的重要方法。

前面介绍了 MG 的概念，本节将从移动端产品设计的思路来分享 MG 与交互设计的关系，进而探究当前 MG 设计被重视的原因。

图 1-19　MG 作品截图

现在，我们可以坚定地认为 MG 的流行与移动互联网的发展有非常大的关系。由于大量的生活场景伴随着互联网产品被搬到了手机及其他各类便携设备的屏幕上，作为连接 App 产品各功能的手段，交互动效和 MG 越来越受到重视。一组逻辑清晰、视觉效果流畅的交互动效能够让产品的功能更快地被用户接受和使用；而模拟产品与用户场景的 MG 则会让用户在第一次打开 App 时就能被轻松愉快的动画吸引，从而对产品产生良好的第一印象，进而在极短的时间内对产品的功能有个大致的了解。

1.4.1　交互动效和 MG 的关系

作为互联网设计师，我们在实际工作中思考最多的就是用户界面。界面元素通常由各种容易识别的图形、图像和可操作的区域等组成。在产品设计阶段，我们会在确定功能页面布局之后再开始进行用户界面的视觉设计。关于这部分工作，我们考虑最多的就是如何把握好色彩搭配、视觉层次、识别性和可用性之间的平衡关系。在这个阶段，需要完成的是静态的视觉设计稿。以往设计师完成这个阶段的工作后，多半会将作品提交到开发执行阶段，一些简单的交互动效便由各操作系统默认的方式来呈现。在"唯快不破"的互联网行业，需要花费大量的时间及人力成本的个性化交互动效和 MG，一直以来都被放在相对次要的位置。

随着市场的日渐成熟与行业的逐步发展，服务质量和用户体验这些锦上添花的工作开始被重视。交互动效可以串联页面，便于用户理解操作的前后逻辑关系，如图 1-20 所示。设计交互动效，更多考虑的是功能，以帮助用户理解操作及增强易用性等。交互动效更加偏向模拟认知与抽象思考的过程，表达方面也更加注重简洁和高效。相对而言，MG 更偏向艺术化表达。MG 更多被应用于启动页功能介绍、加载数据的等待页面，以及产品营销活动的嵌入页面。所以 MG 更多考虑的是模拟生活场景、用户场景，必要时也可加入故事情节，让产品的趣味性得以体现。

图 1-20　有交互动效的用户界面

1.4.2　设计趋势走向 MG 设计

2016 年发布的 iOS 10 把静态布局设计的规范与动画部分的规范组合为一个新的规范，即 Visual Design（视觉设计），其中就包含 MG 设计。在苹果公司看来，优秀的交互动态设计能够给予用户沉浸式体验，让用户在使用场景中更高效地处理信息。而在 MG 设计方面，苹果公司更是早在 2013 年 iOS 7 的发布会上就播放了一个创意视频短片，其截图如图 1-21 所示。

图 1-21　苹果公司 2013 年创意视频短片截图

谷歌早期发布的 Material Design 规范则强调动效的重要性，注重空间感界面元素的搭配，要求体现出明晰的视觉层次，希望通过模拟真实的用户使用场景使用户获得沉浸式体验，如图 1-22 所示。另外，谷歌也强烈推荐设计师做产品设计时，在页面中加入生动有趣的 MG 设计，以作为用户引导和产品操作流程的说明。

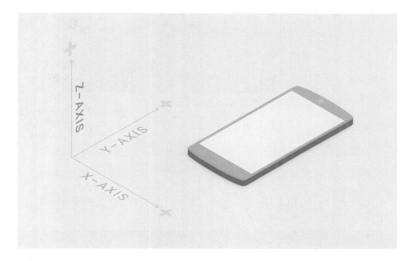

图 1-22　谷歌 Material Design 规范

主流移动设备的操作系统越来越重视动态视觉设计，希望通过动态视觉设计提升用户体验。我们可以大胆猜测，未来是沉浸式体验的天下，因为越来越多的数据与信息需要被高效处理。我们必须更专注、更高效，并且不能受一些无效信息的干扰。

前面对 MG 和传统动画作了区分，并且进行了概括和总结。由此可以明确，MG 擅长表达完整的意义，能够让观看者轻松地接收富有层次感的、轻量化的信息，因而更符合高效快捷的设计趋势。

1.4.3 MG 成为一种新的艺术形式

图 1-23 所示为《纪念碑谷》游戏截图。这款游戏采用的就是一种与 MG 非常相似的视觉风格，其每一个小场景都能带给玩家如同观看 MG 一样的感受。极为简单的构成元素、矛盾的空间运用，以及干净清爽的配色，足够概括、足够抽象。在这种细节很少的限制之下，动态视觉设计自然更能够传播有限但精准的信息。

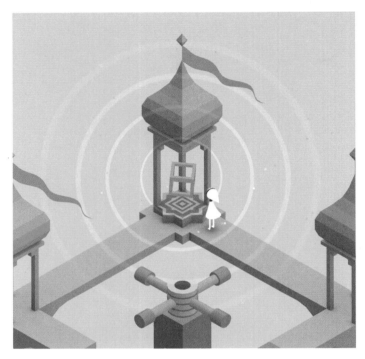

图 1-23　《纪念碑谷》游戏截图

简单地总结一下 MG 的风格：没有很多细节，只传达最关键的信息，艺术表达极具创意，动画元素采用简单的图形，样式尽可能少，元素的运动方式尽可能重复且有很强的规律性等。

MG 是一种很受欢迎的艺术表现形式！将来我们会看到更多运用不同理念设计的不同风格的 MG 作品。

小结

本章介绍了 MG 的概念、历史发展、行业现状、应用范围，以及制作 MG 的意义。至于读者最终对 MG 是感兴趣还是深入研究，或是进入相关领域工作，做出选择前都要进行分析与思考。

第 2 章

学习 After Effects

在了解了 MG 的概念之后，你也许会迫不及待地想要开始创作
MG 作品。创作 MG 作品需要很多工具，也需要各种各样的制作思维、
方法和技巧。每种工具的各项功能会带给创作者不同的创作感受，甚
至会带给创作者一些创作灵感，进而服务于创作。这属于工具学习的
一种良性循环。希望通过本章的学习，大家能够对 After Effects 软件
的学习有新的理解，并且能够找到自己喜欢的创作方法。

2.1 为什么选择 After Effects

After Effects 简称"AE"，是 Adobe 公司开发的一款动态图形设计与影像编辑软件，通常用于电视、电影的后期制作。这款软件于 1993 年 1 月发布了 1.0 版，1995 年 3 月成为 Adobe 旗下的软件产品。其后几乎每年都有新版本问世，甚至一年可以推出多个版本。本书讲解及案例制作所使用的是 After Effects CC 2017 版本，建议大家用此版本或更高版本的软件来完成本书的学习。

2.1.1 After Effects 具备的先天条件

对于国内大部分设计师来说，最开始接触的 Adobe 公司的软件应该是 Photoshop（简称"PS"），随后根据工作业务的需要逐步接触了其他软件，如 Adobe Illustrator（简称"AI"）。可以说，Adobe 的很多软件都是当前主流的视觉设计类软件。除此之外，多年的产品迭代使 Adobe 软件在协同工作方面的能力不断增强，跨平台的工作体验让设计团队之间的合作得以无障碍进行。

如图 2-1 所示，After Effects 对 Photoshop 和 Illustrator 具有很好的兼容性，使用者可以很容易地将

Photoshop 和 Illustrator 的源文件作为素材导入 After Effects 中进行编辑。同时，After Effects 与 Photoshop 和 Illustrator 具有非常相似的基本图形编辑功能。这就意味着它们的功能与术语通用，选择 After Effects 不需要在基本概念方面额外增加学习成本。

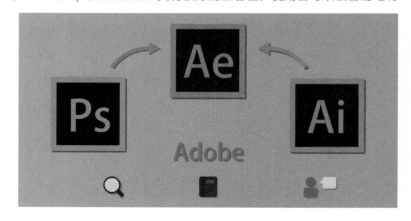

图 2-1　Adobe 公司的三大主流软件

从行业交流和资源共享的角度来看，我们能够非常容易地获得 After Effects 的学习资源。例如，本书未提供的相关内容的扩展知识可以通过同类书籍及发达的互联网来学习。Adobe 其他软件工具所创造出来的丰富资源也能给予 MG 制作全面支持，不得不说 Adobe 在这方面的考虑非常周到。

2.1.2 After Effects 的强大功能

After Effects 具备的先天条件是其他软件无法比拟的。如果你是一名平面设计师，想要通过学习制作 MG 来拓展自己的业务能力，那么推荐你选择 After Effects。

After Effects 是基于时间轴与层级关系的动态图形编辑软件。时间轴是一个非常典型的动态图形编辑工具，基于时间来记录状态变化是 After Effects 实现 MG 设计最为根本的技术。而层级是自 Photoshop 开始就被广为接受的概念，所以有人戏称 After Effects 如同"动起来的 Photoshop"。此说法虽不严谨，但可以在一定程度上帮助大家理解 After Effects 的工作方式。

◎ 层级关系

除了我们熟知的图层（After Effects 中的图层有多种类型），After Effects 中还加入了合成的概念，类似于 Photoshop 中的智能对象。在一个合成中嵌套子合成，就可以在各层级关系中几乎不受限制地进行动态编辑。而跨层级的属性变化可以自上而下进行控制，同层级的属性变化则是相互独立的。

◎ 动态方案

After Effects 自带极其多样化的动态效果实现方案，如图 2-2 所示。各类型元素（包括但不限于图形图像和文字）的基本属性都可以通过时间轴来记录状态变化，也可以添加图层样式、动态的滤镜效果及其他各种各样的特殊效果。

图 2-2　After Effects 自带多样化的动态效果实现方案

2.1.3 After Effects 丰富的扩展性

◎ 空间维度

After Effects 中很大一部分合成方案都是基于 2D 的方式设计的，但它也具备一些 3D 的功能属性，包括简单的材质、灯光、摄像机功能及与之相匹配的各类特效属性。除此之外，After Effects 还可以导入 Cinema 4D 的文件来完成 3D MG 方案的后续制作。

◎ 扩展插件

After Effects 除了自身附带的功能，还有大量的第三方插件提供支持，包括图层管理、2D 动画增强方案、粒子系统等。这些插件运用得当，可达到事半功倍的效果。

作为一款受到"八方支援"的软件，After Effects 自身也具备行业领先的强大实力，是一款几乎无法"学完"的软件。设计师完全不用担心 After Effects 是否能实现自己想要的效果，而只需要把精力放在创意上即可。

这里所指的扩展性是基于 After Effects 这款软件的强大功能，可以完成各行各业的动态图形实现方案。本书的研究方向是动态图形设计，因此讲解的是与 MG 制作相关的技术。毫不夸张地说，制作 MG 只是 After Effects 的一小部分功能应用，还有很多我们不熟悉甚至未曾了解过的行业领域也会用到 After Effects。人的精力有限，无法面面俱到，倘若将来你有学习的需要，After Effects 将会给你带来完全不一样的认知体验。

知识拓展

1. Apple Motion

Apple Motion 是苹果公司开发的一款动态图形合成软件，其功能定位类似于 After Effects。除了传统的时间轴，Apple Motion 上还有一套被称为 Behaviors（行为）的系统，可以模拟真实使用场景和行为的预设效果。例如，设置一个对象做入场运动，配合 Gravity（重力）行为，可以模拟出基于重力效果的真实运动曲线。通常在 After Effects 中，要完成物理运动模拟就需要手动调节运动曲线，或者使用表达式。

Apple Motion 具备复制动画效果的 Replicator（复制器）功能，可对已有对象做指定大小和形状的复制，进而创建出丰富的规律性运动。

Apple Motion 支持自定义粒子效果。用户可以为绘制好的形状快速设置副本，以及通过调整细节参数来形成粒子发射效果，然后结合 Behaviors 功能快速做出复杂的动画效果。

除此之外，Apple Motion 还具备录制调整操作的功能。开启该功能后，在录制开启的时间段内对元素所做的调整都会被记录下来。如果在开启录制功能的过程中选择记录关键帧，Apple Motion 会将每次的调整都以关键帧的形式记录下来，以便后续进行更细致的调整。

Apple Motion 可以帮助用户高效地完成 MG 的制作，且比较容易上手。但由于 Apple Motion 在平台方面有一定的限制，可以作为个人完成简单项目时的一个选择。

2. Cinema 4D

Cinema 4D 简称 C4D，是德国 Maxon Computer 公司开发的一款三维图像编辑软件。它以高速运算和强大的渲染插件著称，其应用范围包括广告、工业设计和影视等。一些著名的好莱坞影视作品曾采用 Cinema 4D 来制作 CG 特效方案，如图 2-3 所示。

效果器（MoGraph）可对简单的三维模型进行丰富的排列组合，高效且方便。对简单的元素做丰富变化，符合 MG 制作的思维方式。

高级渲染模块（Advanced Render）具有多种着色选项，对环境光反射和材质凹凸效果的模拟做到了质量与效率并重，可以渲染出非常逼真的效果，相对来说容易操作。

图 2-3　用 Cinema 4D 制作 CG 特效方案

动力学系统（Dynamics）可以模拟真实的物理环境，制作出重力、风和质量等效果。在 3D MG 里，对于真实环境的还原也是非常重要的一个环节。

以上仅为 Cinema 4D 在制作 MG 方面一些常用功能的介绍，Cinema 4D 还有很多强大的功能，感兴趣的读者可以根据需要深入学习。

除此之外，大家可能更为熟悉的三维图像编辑软件是与 Adobe 公司并驾齐驱的另一个巨头 Autodesk 旗下的 3ds Max 和 Maya。Cinema 4D 相较于这两款软件最大的优势是比较好入门，以及与 After Effects 之间有较好的兼容性。对于之前没有使用过三维图像编辑软件的读者来说，Cinema 4D 是制作 3D MG 的一个较为不错的选择。

注：After Effects 在本书中作为学习 MG 的最佳推荐软件，是基于多方面因素考虑的结果。其强大的功能、优秀的扩展性和兼容性，以及大量的使用者，都是我们选择它的重要因素。可以用来制作 MG 的工具还有很多，各有优劣，在此不再赘述。事实上，软件工具并不是最重要的，因为它们也是由人开发的，也在不断进步。现在推荐的这些工具，或许在将来某一天不再是最佳选择。我们可以多了解不同领域的相关资讯，形成优劣对比的思维，完善自己的知识体系。

2.2 学习 After Effects 的方法

学习一款软件和工具需要掌握很多知识，并且需要经过不断的实践操作来检验学习效果，从而做到熟能生巧。为了让大家更好地进入学习状态，本节会给出一些学习方法和建议。

2.2.1 学习 After Effects 的基本方法

◎ 重视基础

学好任何一门技术的前提，都是要具备良好的基础能力。所谓的 MG 基础，主要是对元素运动的理解。而软件操作基础，则是对一些重要的基本功能有足够深入的了解和掌握。我们不用急于学习很多新的知识，而应该为所学的每一项内容都配合足够的训练来降低该知识被遗忘的可能性。

重视基础应该这样来理解：我们需要花费更多的时间来挖掘已有技能的可能性，将学会的方法应用于所能想到的所有方面。往往在技能方法的限制下，我们才能够挖掘出更好的创意。

◎ 学习是一个长期的过程

我们看到很多优秀作品，会产生"我也想完成这样的作品"的想法，因此便开始努力学习。但我们通常会忽视优秀作品的诞生也是有一个过程的。

在刚开始学习的时候，我们可能无法顺利地完成案例制作，或者做出的效果不尽如人意，以及遇到一些意料之外的问题，这些都是很正常的。一方面，本书会针对这些内容进行特别讲解；另一方面，也需要大家举一反三，这样才能逐步提高应用水平。相比于是否能完成与我们所看到的那些优秀的作品同样的效果，更重要的是长期保持这样的追求。成功没有定义，能让自己在学习过程中有所提升，从而超越曾经的自己就是最大的成功。

学习 After Effects 除了需要进行思维层面的培养，好的学习习惯也是必需的。

2.2.2 实用的学习技巧

◎ 定期阅读文档

After Effects 的官方文档中有最为准确和详细的功能描述与使用介绍，我们在入门阶段不必急于深度阅读，但学会基本操作之后就需要对文档进行深度阅读了。可以用检索的方式阅读文档，如使用搜索功能搜索"关键帧"的相关条目，就会从目录上看到涉及这个知识点的所有内容，以及这些内容所在的位置。

◎ 对案例的制作过程进行记录

我们在网络上搜寻各类优秀的作品时，可以看到有些分享者还会制作相关教程供大家学习。在观看这些内容时，大家可以根据自己的学习情况动手把案例做出来，同时对制作过程进行记录。

※ 培养创意思维

可以按照自己的理解对观看感受和创意思路进行整理。在刚开始的时候可能写不出很多创意思路，可以先记录下观看感受。

※ 技术

可以根据教程记录下使用的工具和操作方法。若讲述的为新知识，可以着重进行整理，也可以把自己没能完成或者容易出问题的部分记录下来，还可以与其他学习 After Effects 的朋友交流，让自己更快地进步。

由于每个人的基础不同，学习软件时的接受程度有所差异，所以从入门到提升的过程所花费的时间也各不相同，这是客观存在的情况。除此之外，每个人的学习目标、学习态度、动力和思维也存在差异。综合这些因素，每个人最后的学习效果也是不同的。

无论一个人多么勤奋，或是有足够的动力来完成某件事，都难免会在某个阶段进入瓶颈期，感觉自己停滞不前。从大的过程和方向来看，每个人都会或多或少地遇到这样的问题。

2.2.3 其他建议

◎ 最低限度地坚持

学习 After Effects 时，给自己设定一个最低限度的任务。简单来讲，可以每天浏览一下关于 MG 的资讯，或者欣赏一件 MG 作品，并对作品的观看感受进行简单的记录。这也是学习的一部分，能帮助我们提升审美能力和保持视觉设计敏感度。如果你有更多的时间，也可以做更多的训练。

◎ 适当地休息

保持良好的状态是为了更高效地学习与训练。根据笔者的学习经验，当自己一点都不想进行任何创作时，出一趟远门或者适当地休息一下或许是个不错的选择。本书的其中一个案例便是笔者在爬山的过程中得到灵感而制作出来的，大家不妨进行一下这样的尝试。

◎ 回顾刚开始的日子

以上所提问题可能都不是最让你苦恼的，也许你的问题是学到一定阶段时不知道该如何继续下去，或是觉得自己毫无进步，此时最容易放弃。可以回顾刚开始学习的那段日子，你是如何从一无所知走到现在的。去看看当时的作品，用现在的能力去改造它，让它更加完善，这样可以让你见证自己的进步，重燃自信。

2.3 每天学一点，逐步掌握 After Effects

对你来说，After Effects 也许是一款完全陌生的软件，或者类似你以前使用过的软件，但从现在开始，你将学习这款软件。笔者会安排 7 节的内容，你需要跟随每一节的内容进行学习、操作，掌握用 After Effects 创作 MG 的基本操作方法及扩展功能。这些理论知识与操作技巧可以应用在各种类型的 MG 创作中，因为它们属于 After Effects 的核心技术。

学习完这些内容后，你就可以进行一些简单的 MG 制作，这也是后续进阶提升的重要前提。这一部分的知识和技巧在后续的学习中会被反复使用。每个人的学习状态不同，重要的是你真正学会了这门技术。期待大家能顺利学完这些入门知识，也欢迎大家一起讨论和交流。

2.3.1 After Effects 的基础知识

1. 版本的选择与设置

本书使用的是的 After Effects CC 2017 版，原则上推荐大家使用最新版。After Effects 会向下兼容旧版本，简单来讲就是使用旧版本 After Effects 制作的源文件可以在新版本里正常打开（会有版本不同的提示），但源文件经过修改和保存之后，则无法在旧版本的 After Effects 里再次打开，即无法向上兼容新版本（新版本的 After Effects 通过另存可以存储向旧版本兼容的源文件，但兼容的版本数有限），这是需要特别注意的。

After Effects 的安装、卸载、更新等问题，可以在 Adobe 的官网找到答案。另外，大家在安装 After Effects 后，不要随意修改默认设置，以免遇到无法确认的问题而影响使用。关于此部分的详细内容，可以在 Adobe 的帮助页面里查看（启动 After Effects 后按 F1 键或者在菜单栏中找到帮助选项），此处不再赘述。

图 2-4 所示为 After Effects 的学习与支持页面。这里建议大家查看第 2 项"用户指南"，里面有新增功能的快速介绍，大家可以根据自己的需要进行了解。另外，学习与支持页面还有详细说明的 PDF 文档可供浏览与下载。总之，大部分常见问题都可以在帮助文档里找到答案。在案例讲解的过程中，笔者也会对关键内容和注意事项进行细致的讲解。一切准备就绪后，我们就可以开始学习 After Effects 了。

图 2-4 After Effects 的学习与支持页面

2. 启动 After Effects

由于每个人的计算机硬件配置不同，After Effects 的启动速度快慢有别。和其他软件一样，经过启动界面并加载各模块与文件之后，After Effects 就打开了。

新版本的 After Effects 会有一个"开始"窗口（见图 2-5），显示最近编辑过的项目文件，并且有"新建项目"和"打开项目"按钮。单击"新建项目"按钮，可以创建一个新项目。若关闭"开始"窗口，软件也会默认帮你创建一个无标题的新项目。此外，也可以通过执行"文件 > 新建 > 新建项目"菜单命令［快捷键为 Ctrl+Alt+N（Windows）或 Command+Option+N（macOS）］来新建项目。

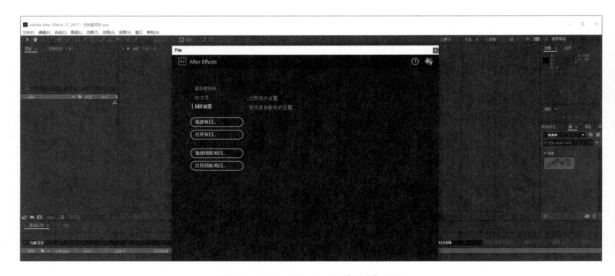

图 2-5 After Effects 的"开始"窗口

3. After Effects 的工作区

为了帮助大家快速地认识 After Effects 的工作区（见图 2-6），可先新建一个合成，让常用菜单变为可用状态，以便认识各种工具并进行操作。新建一个合成 [快捷键是 Ctrl+N（Windows）或 Command+N（macOS）]，先暂时略过细节的设置，直接按 Enter 键，就可以进入 After Effects 的工作区。

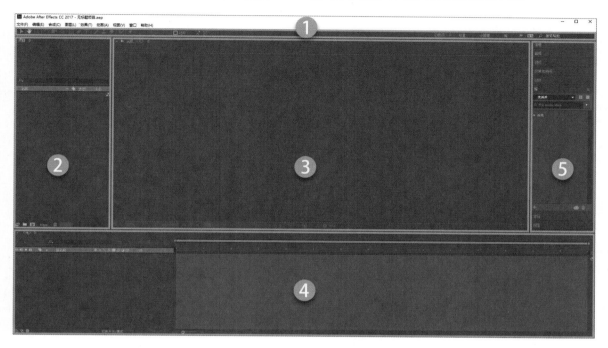

图 2-6　After Effects 的工作区

◎ 工具栏

顶部横向排列着图标的区域就是工具栏（见图 2-7），在其中可以看到一些熟悉的工具，如选取工具和抓手工具等。将鼠标指针停留在各工具上时，会显示该工具的名称及对应的快捷键。其中，图标右下角带有三角形的代表此为折叠工具组，单击三角形即可展开工具组，从而切换不同的工具。用快捷键切换工具的操作方法是连续按下该工具组对应的快捷键，如形状工具组可以通过不断按 Q 键来切换矩形工具、圆角矩形工具、椭圆工具、多边形工具和星形工具。

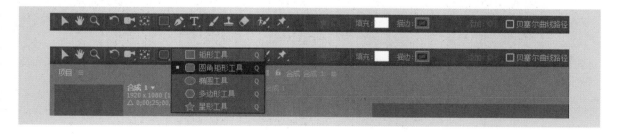

图 2-7　After Effects 的工具栏

35

◎ "项目"面板

"项目"面板（见图2-8）的上半部分显示当前所选项目的基本信息，如项目内创建的合成、文件夹或者导入的其他文件的信息等；下半部分则显示该项目创建与导入的各类文件（包括合成、图层和导入的其他文件等）。选中项目中的某个文件后，"项目"面板中会显示其基本信息。例如，刚才创建的合成处于选中状态时，项目信息处就会显示该合成的尺寸、时长和帧速率等（后面会依次介绍这些基本概念）。

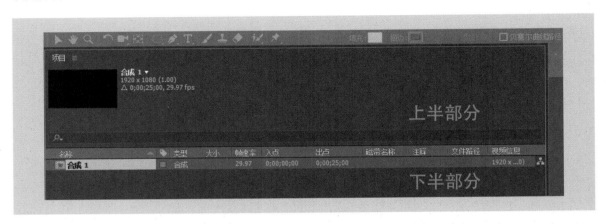

图 2-8　After Effects 的"项目"面板

◎ "合成"面板

"合成"面板（见图2-9）又叫舞台窗口，After Effects 合成里的动画元素组合和效果预览等操作都可以在"合成"面板中完成。"合成"面板中可以显示不同层级的内容信息，通过双击包含多层级的合成与素材文件进入下一个层级（与 Illustrator 的操作逻辑相似）。在"合成"面板中可以开启多个选项卡，通过单击切换显示选项卡。

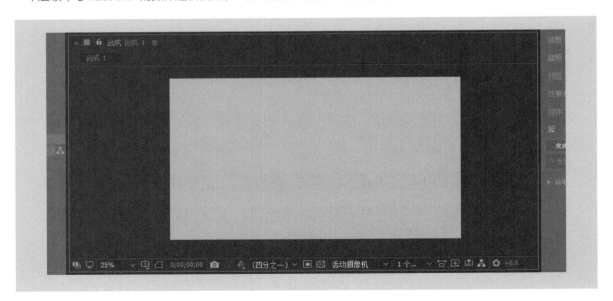

图 2-9　After Effects 的"合成"面板

◎ 渲染队列（和"时间轴"面板重叠）

当我们准备把编辑好的文件导出为视频时，可以通过添加到渲染队列的操作对视频进行渲染。根据需要完成参数设置并开始渲染，之后再导出视频。

◎ 图层与时间轴

在 After Effects 中导入的所有素材都有单独的图层，且都有独立的时间轴，可以进行动画的调节。在"时间轴"面板的空白处单击鼠标右键，执行"新建 > 形状图层"命令，即可完成形状图层的创建，如图 2-10 所示。同时，能看到右侧的时间轴上出现了时间线和与图层对应的轨道。图层与时间轴就是这样一组具有因果关系的功能。图层较为复杂，有多种类型的功能按钮，其中一部分功能需要在今后的学习中进一步掌握；在时间轴上可以看到基于图层状态变化的各个时间标记，也就是关键帧。

图 2-10　After Effects 的图层与时间轴

◎ 右侧面板组

这个区域中包含多个常用面板，比如信息面板会显示鼠标指针所在位置的 RGB 色值及坐标等信息，类似"项目"面板的上半部分。预览功能用于对调节好的动画效果进行预览，可以自行设置此功能的快捷键。

从图 2-11 中可以看到，每一个面板的标题右侧都有一个 3 条横线的图标，单击后可以对该面板进行操作。比较常用的功能是将面板变为浮动面板，这样可以在工作时自由地拖曳面板。如果想将面板放回原处，则需要按住面板标题和 3 条横线图标中间的空白部分，并将其拖曳到右侧面板区。如果关闭了面板，可以在菜单栏的"窗口"菜单中找到相应面板并调出来，面板会保持关闭前的显示状态（如是否为浮动状态）。

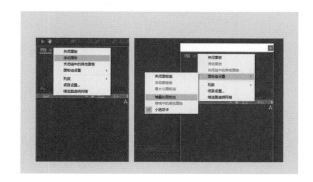

图 2-11　After Effects 的浮动面板

4. 工作区的设置方法

新手在入门阶段可能会遇到这样的问题：因为好奇，把默认工作区搞得乱七八糟，之后无法还原成之前的布局，从而影响学习和使用。After Effects 中有一种非常快速恢复默认工作区的方法，在工具栏右侧可以看到"必要项"标题，如"默认""标准"等。它右边同样有 3 条横线的图标，单击后选择"重置为已保存的布局"选项，这样 After Effects 就能恢复默认的工作区布局。你可以放心大胆地尝试，待熟悉了这些功能后，再根据需要对工作区进行个性化的布局。

前面介绍工作区时提到了一些基本概念，后面会进一步讲解。从 After Effects 工作区开始到后面的一些基本概念，都需要一定的时间来理解和记忆，你可以随时回到这个部分进行查阅。

5. 必要的基本概念

◎ 项目文件

项目文件是 After Effects 创建并保存的文件，其后缀通常为 *.aep。After Effects 的项目文件更像是一个包含了项目素材的记录和索引，以及可反复对项目素材进行管理与加工的文件。After Effects 的项目文件会对在 After Effects 中创建的图层内容进行保存，对外部引用的素材和其他源文件（如视频和图片文件）则只会保存该文件的链接，如图 2-12 所示。因此，如果移动过引用素材的位置，甚至删除了素材，那么打开 After Effects 项目文件后就会缺失这些内容。

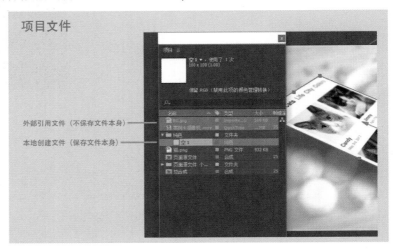

图 2-12　After Effects 的项目文件

◎ 合成

合成是一个包含多个图层的集合，渲染导出的视频都基于合成这个框架，类似 Flash 中的影片剪辑。前面讲解工作区时快速建立过合成，这里对合成的参数设置进行说明（见图 2-13）。新建合成可以使用快捷键 Ctrl+N（Windows） 或 Command+N（macOS），也可以单击"项目"面板下方的合成图标。

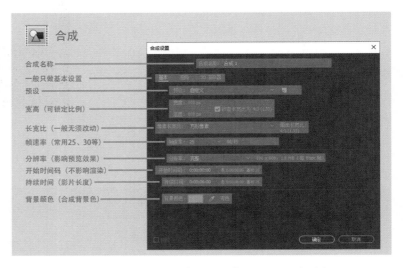

图 2-13　After Effects "合成设置" 对话框中的参数说明

新建合成后，会弹出"合成设置"对话框。建好合成之后想要修改参数，可以再次调出该窗口。如果要对"项目"面板中的合成进行调整，单击鼠标右键并选择"合成设置"选项即可，也可以使用快捷键 Ctrl+K（Windows）或 Command+K（macOS）调出"合成设置"对话框。

◎ 合成设置的参数

"合成名称"下方有 3 个标签，分别为"基本""高级""3D 渲染器"。大部分情况下，我们用到的是"基本"设置。"预设"可以帮助你储存常用的自定义设置，"宽度"和"高度"与 Photoshop 画布里的概念类似，可以对画面的长宽比进行锁定。MG 作品的长宽比，选择默认设置即可。"帧速率"是每秒切换的画面数，一帧就是一个画面，一般选择默认的 25 帧 / 秒。"分辨率"用于设置预览效果，并不影响最终的渲染质量，可以选择"完整"默认选项。"开始时间码"和"持续时间"就是字面意思，通常情况下只设置持续时间。

◎ 时间轴动画

After Effects 的时间轴动画是基于图层属性的变化实现的。简单来讲，每个图层都有多种属性，如大小、颜色和位置等。在某个时间点对这些属性进行记录，叫作记录关键帧。在另一个时间点对属性进行调整，记录下至少两个属性变化的关键帧，After Effects 会自动补全变化的过渡状态，与 Flash 中的创建补间动画类似。另外，还可以通过控制时间来调整动画的快慢节奏，使简单的属性变化变得丰富而有趣。

6. After Effects 的工作流程

After Effects 的工作流程一般包含创建与设置、导入素材、组织素材、制作动画、调整效果和渲染导出这几个部分。前面讲解的工作区的相关操作属于创建与设置的流程，已介绍了相关的知识点。

◎ 导入素材

这个环节是对动画元素进行创作，通常需要绘制各种各样的图形，或者将绘制好的素材从外部导入 After Effects 中。可以根据设计思路选择素材，将创作 MG 需要的素材在这个环节准备好。

◎ 组织素材

根据动画设计思路，结合场景和情节对素材进行组织安排。比如在创建不同合成时，分配好图层的顺序。

◎ 制作动画

已经有了创作思路，并且组织好了各部分的素材，接下来就可以开始进行动画的制作了。通常根据需要先进行属性动画、添加效果及粒子特效等方面的操作，这样就完成了整个 MG 项目初步效果的制作。

◎ 调整效果

这个环节非常重要，也比较耗时。调整效果是对动画节奏进行调整，在具体的操作中可能会涉及编辑运动曲线、控制使用表达式、调整层级结构或优化制作方案等。调整的目的是让简单的属性变化变得更加丰富，充满创意。

◎ 渲染导出

根据需要设置好格式就可以导出项目文件了，导出的项目文件通常是一个视频文件。这是创作流程的最后一个环节，有时我们会在流程中间预先渲染一部分，看看是否有不足之处，如果有就及时加以调整。

注： 讲解 After Effects 的工作流程是为了让大家在使用 After Effects 创作 MG 时有一个基本的认识。大部分情况下，创作 MG 的流程是相互重叠的，或者说存在重复某些步骤的情况。因为我们是以效果为导向进行创作的，在实际创作过程中，可能会发现预先设定的动画设计存在一些问题或者不够完善，那么就要对项目进行调整和重新设计，甚至在渲染导出视频以后会发现某个不满意的地方，再回到前面的步骤重新制作。

---

7. 案例：欢迎开始学习 MG

接下来通过一个简单的案例，让大家实际感受如何根据上述流程完成一个 MG 作品。

扫描二维码

查看案例最终效果

◎ 分析与构思

首先，一个圆形从画面外入场，变为笑脸，字幕淡入，形成的画面如图 2-14 所示。

其次，模拟单击鼠标效果，载入一段新的 MG 作品，之后 3 个弹球变为曲线，逐渐形成字母 M 和 G，如图 2-15 所示。

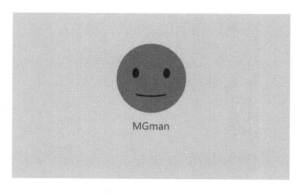

图 2-14　案例截图 1

图 2-15　案例截图 2

字母效果完成后出现礼花特效，随后在下面出现字幕"Welcome to Motion Graphics World"，如图 2-16 所示。

图 2-16　案例截图 3

这个案例的主要目标是演示 After Effects 的工作流程和基本操作，其中后半段的 MG 演绎作品为已经制作好的视频素材。

◎ 制作圆脸，导入表情素材

新建项目 [快捷键是 Ctrl+Alt+N（Windows）或 Command+Option+N（macOS）]，然后新建合成 [快捷键是 Ctrl+N（Windows）或 Command+N（macOS）]，"合成设置"对话框中的参数设置如图 2-17 所示。设置"宽度"为 800 像素，"高度"为 600 像素，"帧速率"为 25 帧 / 秒，"持续时间"为 6 秒，最后单击"确定"按钮。

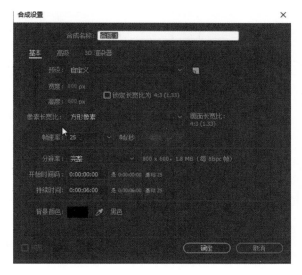

图 2-17　"合成设置"对话框中的参数设置

创建一个纯色图层 [快捷键是 Ctrl+Y（Windows）或 Command+Y（macOS）]，然后选择形状工具中的椭圆工具，按住 Shift 键的同时绘制一个圆形，如图 2-18 所示。

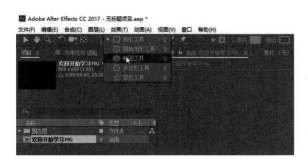

图 2-18　绘制圆形

41

● 在未选中任何图层的情况下使用形状工具，会自动创建一个形状图层，并可以绘制出形状。

● 在选中图层的情况下使用形状工具，则可以为该图层创建蒙版。

● 可以先新建形状图层，选中该图层后再使用形状工具绘制想要的形状。

选中圆形图层，将图层名称改为"圆脸"并按Enter 键。接下来展开形状图层的属性层级："内容 > 椭圆 > 椭圆路径"，将"大小"改为"200，200"（数字左侧的图标表示宽高锁定），然后继续展开"内容 > 椭圆 > 变换"属性，将"位置"改为"0，0"，这时圆形便会移动到画面中心，如图 2-19 所示。

图 2-19　调整圆形的位置

完成圆形的绘制和调整后，打开附赠的资源，把预先绘制好的"表情 .png"素材文件拖入 After Effects 的"项目"面板中，如图 2-20 所示。

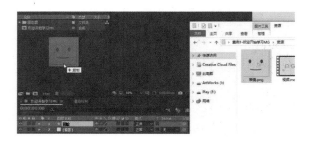

图 2-20　导入图片素材

把图片素材拖入合成中，当拖曳至靠近中心点的位置时，会自动锁定到合成的正中心。对"表情"和"圆脸"两个图层做父级绑定，单击"表情"图层右边的关联器图标，并将其拖曳到"圆脸"图层上，如图 2-21 所示。完成父级绑定后，"表情"图层关联器右侧的下拉列表就自动填入了"圆脸"图层的名称。

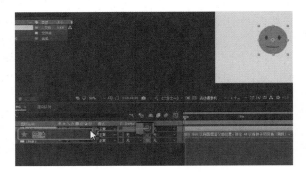

图 2-21　做父级绑定

● 绑定父级的操作可以通过在关联器右边的下拉列表中选择需要绑定的父级图层来完成。

● 已成为父级的图层，在移动的时候会使子级图层跟随父级图层移动，而子级图层本身的移动则不会影响父级图层。

◎ 调节属性，创建动画

这一步，需要调节属性并创建动画。After Effects 中的每个图层都有自己的各项属性，且属性值各不相同。这些属性都有记录关键帧的功能，可以通过单击属性左侧的秒表图标来记录一个关键帧。然后改变时间线的位置，将其拖曳至想要的时间位置，修改属性的数值（例如把不透明度的数值从 100%改为 0%），这样秒表会记录下第 2 个关键帧，由此便完成了一个非常简单的动画的创建。随后通过在两个关键帧之间来回拖曳时间线，可以预览状态的变化。

将"表情"图层的"不透明度"属性改为0%（快捷键是T），这时不要单击秒表记录关键帧。将时间线拖曳至0:00:00:12的位置，展开"圆脸"图层的属性："变换 > 位置"（调整位置属性的快捷键是P），单击秒表记录当前关键帧，如图2-22所示。

图 2-22　记录位置发生变化的关键帧

之后把时间线拖曳至 0:00:00:00 的位置，按住 Shift 键并向下拖曳"圆脸"图层（注意，需要按快捷键 V 切换回选择工具），将其拖出合成舞台。

★　提　示

● "时间轴"面板左上角的时间码有两种格式，默认以时间方式显示，时间下方以帧的方式显示，可以通过按住 Ctrl 键（Windows）或 Command 键（macOS），再单击这个区域来切换时间的显示方式。

● 修改属性参数。除了可以单击数值后输入，还可以将鼠标指针靠近属性参数，使其变为左右箭头的形式，此时再按住鼠标左键左右拖曳就可以改变参数的大小。

● 调节动画的技巧 1：在舞台中的动画，可以从时间轴起始位置开始记录关键帧；从舞台外进入的动画，可以先把时间线拖至入场后的时间点记录关键帧，再拖回开始的位置调整起始状态的属性参数。

● 调节动画的技巧 2：对基本运动类的属性可以通过拖曳、旋转图层对象等方式进行调整，并按照自己的需要设置参数。

在时间轴 0:00:00:00 的位置，记录"缩放"属性关键帧，并且把"缩放"值改为 60%，然后把时间线拖曳到 0:00:00:12 的位置，将"缩放"值改为 100%（调整"缩放"属性的快捷键为 S）。

在时间轴 0:00:00:12 的位置，调整"表情"图层的不透明度参数并记录一次关键帧。在时间轴 0:00:00:24 的位置，把"不透明度"属性改为 100%。

在时间轴 0:00:01:00 的位置，把"位置"参数的关键帧复制一次。拖曳时间线到需要粘贴关键帧的位置，然后单击需要复制的关键帧，按快捷键 Ctrl+C（Windows）或 Command+C（macOS）复制，再按快捷键 Ctrl+V（Windows）或 Command+V（macOS）进行粘贴。另一种操作方法是在"位置"属性的秒表图标左侧单击关键帧图标，这样就能新增一个关键帧。

在时间轴 0:00:01:12 的位置，修改"位置"属性的第 2 个参数，也就是 y 轴的值，将鼠标指针靠近参数并按住鼠标左键拖曳，这样就可以快速改变参数值，如图 2-23 所示。

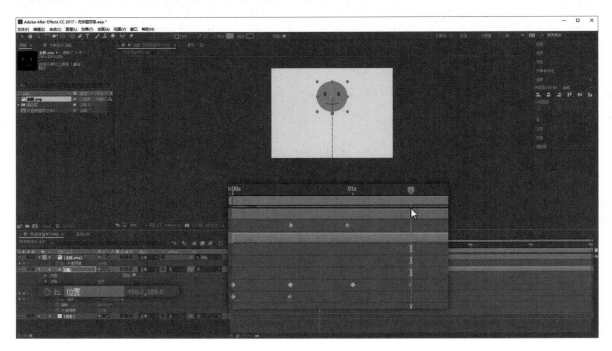

图 2-23　圆脸表情"位置"属性参数调整

注： 对于时间和动画，较为有效的方式是按照跨度进行描述。例如，某个属性变化的持续时间为 1 秒，即 0:00:00:00 至 0:00:01:00。帧跨度为 25 帧，即 00001 至 00025（在帧速率为 25 帧 / 秒的前提下）。后面将会使用这样的方式来描述。

创建文字内容 [快捷键是 Ctrl+T（Windows）或 Command+T（macOS）]，输入 MGman，设置字号为 28 像素，然后退出编辑模式 [快捷键是 Ctrl+Enter（Windows）或 Command+Enter（macOS）]。然后使用对齐工具（菜单栏：窗口 > 对齐），使文字与"圆脸"图层水平居中对齐。

调整文字图层的不透明度，创建一个不透明度从 0% 到 100% 的动画。关键帧位置介于"圆脸"图层第 2 次上升的过程中，时长为 0.5 秒左右。复制文字图层 [快捷键是 Ctrl+D（Windows）或 Command+D（macOS）]，向下拖曳复制的文字，修改文字为"Motion Graphics fun"，把字号改为 16 像素。

调整"Motion Graphics fun"文字图层的动画节奏，框选两个关键帧，向后拖至一定的位置。视觉层次可以通过不断预览来微调，预览的默认快捷键为 Space（空格键），使"MGman"和"Motion Graphics fun"依次出现即可。最后把"Motion Graphics fun"文字图层的不透明度降为50%，以增强对比和增加层次感，如图2-24所示。

图 2-24　字幕动画调整

　　首先制作按钮。使用形状工具中的圆角矩形工具画出一个圆角矩形，设置宽为120像素、高为30像素。如"圆脸"图层一样展开其属性：内容＞矩形＞变换＞矩形，将"位置"属性改为"0，0"，使其移至画面中心。将这个按钮向下拖曳，会发现形状内部的中心点跟着移动了，而作为图层本身的中心点并没有跟着移动，这时就需要手动移动一下图层的中心点。

　　打开标尺［快捷键是Ctrl+R（Windows）或Command+R（macOS）］，建立水平、垂直参考线，在两个方向上均分按钮，参考线交汇的地方就是按钮图形的中心。操作完毕后，注意锁定参考线（菜单栏：视图＞锁定参考线）。之后使用中心点工具（快捷键是Y），按住鼠标左键移动中心点，当靠近参考线的交汇点时会发现有自动吸附的效果，这样就定位好了按钮的中心点，如图2-25所示。

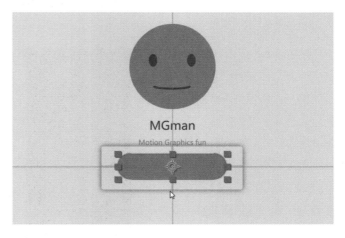

图 2-25　制作按钮

● 查看是否激活了关键帧记录的属性的快捷键是 U，再按一次 U 键是收起。

● 展开常用属性的方法是连续按两次 U 键，之后再按一次 U 键是收起。该操作并不能把图层的所有可用属性展开，而需要以手动的方式完成。

将时间线拖曳至第 2 行字幕升起后 0.5 秒左右的位置，记录此位置的关键帧（快捷键是 P），并记录透明度发生变化的关键帧（快捷键是 T）。之后按 U 键把这两项展开，往回拖曳关键帧，并调节淡入舞台的动画效果（不透明度为 0%~100%，位置属性中 y 的值由小变大），持续时长 0.3 秒左右。

复制第 2 行文字并拖曳至按钮上方，修改文字为 Begin，把颜色改为白色。使用关联器让文字跟随按钮图层运动，但不透明度的参数需要单独调整，如图 2-26 所示。

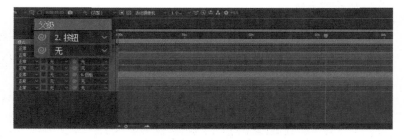

图 2-26　按钮文字属性调整

接下来制作光标。绘制一个直径为 20 像素的圆形，填充为白色，设置"不透明度"为 70%。制作一个斜向淡入到按钮位置的动画，时长为 0.5 秒，如图 2-27 所示。

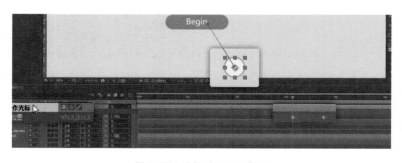

图 2-27　光标移动动画制作

然后制作按钮按下时的状态。展开"按钮"图层的属性：内容 > 矩形，将矩形重命名为"按钮"，并复制这个图层，把复制的图层重命名为"按下"。在"按下"图层的右边可以看到一个下拉列表，默认选择为"正常"，单击它，选择"色彩增殖"（类似 Photoshop 中的"正片叠底"），如图 2-28 所示。

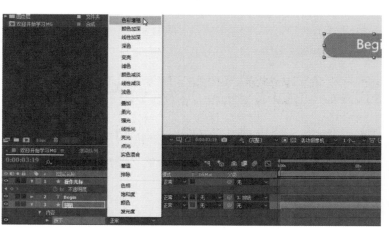

图 2-28　"按下"图层的下拉列表

最后制作按钮按下时的动画。把"按下"圆角矩形的"不透明度"属性从 0% 调到 100%，再调到 0%，时间跨度为 6 帧。这样相当于每个变化状态都持续 2 帧。之后框选 3 个关键帧并拖曳到合适的位置，如图 2-29 所示。

图 2-29　制作按钮按下时的动画

全选所有图层，把图层收起之后，选择"操作光标"和"背景"图层，按住 Shift 键即可选中这两个图层之外的其他图层。之后为这些选中的图层创建一个预合成（快捷键是 Ctrl+Shift+C），将预合成命名为"开始页面"，单击"确定"按钮，如图 2-30 所示。

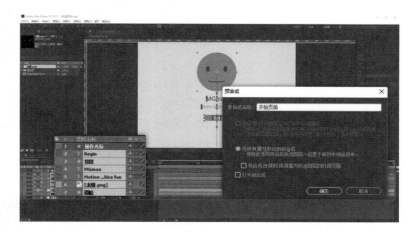

图 2-30　创建预合成"开始页面"

对预合成的"不透明度"和"位置"属性进行调整，使其在 0.5 秒的时间内完成向上退场。改变"不透明度"属性值，为"操作光标"图层做一个原位置的淡出效果。这样核心效果就制作完成了。

◎ 导入视频素材

把预先做好的视频素材导入"项目"面板中，再将其拖入"合成"面板中。实际上，图层在时间轴上显示为一个可以拖曳的剪辑。选中视频图层，按住鼠标左键，向右拖曳至 6 秒的位置，如图 2-31 所示。

图 2-31　调整视频开始时间

接下来修改合成的"持续时间"。在"项目"面板中选中合成，单击鼠标右键，选择"合成设置"选项[快捷键是 Ctrl+K（Windows）或 Command+K（macOS）]，把"持续时间"改为 13 秒。这时可以发现合成剪辑变长了，需要把背景图层的持续时间也变为13秒，操作方法是选中背景图层，将鼠标指针靠近图层轨道右侧的结束处，可以看到鼠标指针变成水平双向箭头形状，按住鼠标左键向右拖曳到13秒的位置释放鼠标，如图2-32所示。

图 2-32　延长背景图层的持续时间

最后微调合成的时长，拖曳视频图层剪辑的位置，找到合适的衔接节奏即可。

◎ 保存与渲染

完成制作后，需要对文件进行保存。After Effects 保存文件的方法与其他软件相同，执行"文件 > 保存"菜单命令即可 [快捷键是 Ctrl+S（Windows）或 Command+S（macOS）]。除此之外，还有兼容性保存方式，执行"文件 > 另存为 > 将副本另存为 CC"菜单命令，如图 2-33 所示。此选项能保证 After Effects 储存的文件具备有限的向下兼容性，只要不是过于旧的 After Effects 版本均能打开这样的源文件。

图 2-33　兼容性保存方式

接下来需要把制作完成的动画渲染为影片，执行"文件 > 导出 > 添加到渲染队列"菜单命令 [快捷键是 Ctrl+M（Windows） 或 Command+M（macOS）]，之后"渲染队列"面板会打开，可以对渲染相关的一些选项进行调整，如图 2-34 所示。

图 2-34　渲染设置区域和操作区域

单击"输出模块"后的文字，弹出"输出模块设置"对话框，在"格式"的下拉列表中选择QuickTime，如图 2-35 所示。注意，Windows 系统需要单独安装 QuickTime 播放器才有此选项。若无 QuickTime，可以选择 AVI 等 Windows 系统自带的编码器格式。

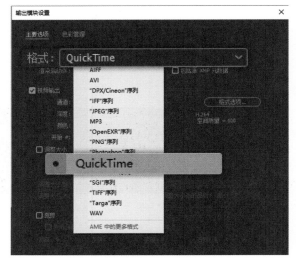

图 2-35　输出模块设置

单击"格式选项"按钮，弹出"QuickTime 选项"对话框（单击其他按钮弹出对应选项），在视频编码器下拉列表中选择"H.264"，如图 2-36 所示。

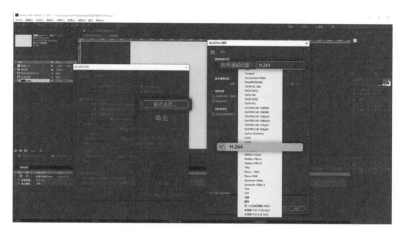

图 2-36　格式选项

设置完成后，单击操作区域右侧的"渲染"按钮，即可开始渲染视频，如图 2-37 所示。渲染完成后，软件会发出清脆的提示音。

图 2-37　渲染视频

◎ 关于视频格式的说明

上述内容仅为一些推荐设置，实际上在视频格式与编码器设置的相关选项中，还有非常多的知识和概念。After Effects 的官方文档中对此会有进一步的讲解，感兴趣的读者可以去查阅，此处不再赘述。

◎ 案例小结

这个案例的主要目的是让大家熟悉 After Effects 的工作区，以及基本的创作流程。After Effects 的入门知识，主要是了解时间轴与属性变化的关系。After Effects 支持非常多样的属性动态变化，可以调节参数，也可以直接在对象上操作（如调整位置参数可以通过拖曳元素本身来记录变化）。随着学习的深入与创作思路的变化与提升，创作者制作的动画效果也会逐步丰富、生动起来。

8. 训练任务

请跟随案例讲解视频，完成这一小节的案例制作。大家可以在制作过程中增加一些属性的动态变化，如改变"圆脸"图层的颜色等。只要能跟随案例重现效果，那么就算掌握 After Effects 的基本操作方法了。

扫描二维码

查看案例讲解视频

2.3.2 合成嵌套、遮罩与时间控制

1. 合成嵌套

前面的案例简单介绍了预合成的概念。通过在合成中选择所需要的图层，快速建立一个预合成，就能对这些图层进行统一控制，比如调整不透明度或运动状态等。这是一种非常重要且常用的方式，因为在分析并制定一个 MG 制作方案后，需要把整个方案的逻辑关系梳理清楚，进而确定动画的包含关系。合成嵌套可以预先操作，制作过程中也可能用到，但一切以完整且连贯的创作思路为导向。

2. 遮罩

遮罩主要是使用形状工具创建蒙版及轨道遮罩。关于使用形状工具创建蒙版，可以是在图层中使用形状工具创建蒙版，也可以是在工具选项中选择工具创建蒙版。通常在我们导入的 PSD 文件中，选择保留最大限度的可编辑性设置后，其中的矢量图层会被 After Effects 以蒙版的方式导入。蒙版可以选择相加、相减、交集等选项决定显示的区域，并且支持扩展、羽化，以及形状改变等属性变化。此外，对形状图层中的图形元素，还可以直接在其原位置创建一个相等大小的蒙版，该方法在后面的案例演示中也会讲到。通过形状工具创建蒙版，便于对蒙版进行绘制，也便于对已有的静态与动态对象进行快速区域限制或是用于制作路径动画。因此，用形状工具创建蒙版的适用范围非常广。

轨道遮罩是一种能够将任意形状、图片甚至文字作为遮罩来限定一个对象的显示区域的工具。把"时间轴"面板左下角的第 2 个开关打开，在下拉列表中快速创建轨道遮罩，包括"Alpha 遮罩""Alpha 反转遮罩""亮度遮罩""亮度反转遮罩"4 个选项。从遮罩的角度来说，可选择的属性有限，但是这种方法可以保留作为遮罩的图层对象原本具备的所有属性，从而为图层添加丰富的效果。使用形状工具创建蒙版，可以先绘制好形状对象，再考虑是否将其作为遮罩。这是一种常用的遮罩类型，需要熟练掌握。

3. 时间控制

时间控制可以理解为对动画节奏的控制，是一种由制作思路衍生出来的多种功能与方案的集合，属于 After Effects 中很重要且具有一定难度的知识点。初学时间控制，笔者会教大家使用简单的操作方法完成一些生动的动画效果。随着大家学习的深入，书中会有专门的章节来探讨这部分的制作技巧。下面简单介绍本节案例会用到的控制方法与相关功能。

After Effects 可以对已有的关键帧做辅助变化，如缓入、缓出。这属于最简单的控制运动节奏的方法，但难以达到令人满意的效果。可以关键帧辅助变化作为一个起点，引出背后最为重要的知识点，那就是动画曲线的编辑。该功能在"图层"面板顶部，与时间轴邻接，叫作"图表编辑器"。选中一个已经进行过动画制作的属性（具有两个及以上的关键帧），然后单击"图表编辑器"图标，即可打开"动画曲线"面板。

除此之外，还有一些专门控制运动效果的特效命令，如时间特效。MG 中一些常用的表达式控制就属于时间特效。通过时间特效对一些动态效果进行控制，可以模拟出丰富的运动效果。基于物理现象和力学原理，MG 中的抽象元素充满现实场景的隐喻感，大大增加了趣味性。

4. 案例：Day and Night

◎ 分析与构思

云朵、太阳、字幕从不同方向进场，用简单的元素快速构建出白天的场景，如图 2-38 所示。

扫描二维码

查看案例最终效果

图 2-38 案例截图 1

如图 2-39 所示，自画面正下方从左向右呈扇形转场，转场过程中伴随云和字幕的弹性效果变化，同时黑夜的场景呈现。

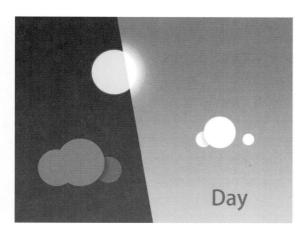

图 2-39 案例截图 2

如图 2-40 所示，黑夜元素（如月牙、星星等）进一步出现，诠释日夜的更替。

图 2-40 案例截图 3

拆解、分析完画面之后，需要思考一下动画的制作思路和方案。虽然大家现在还不会具体的操作方法，但可以通过之前的介绍来理解。整个案例的核心效果就是使用遮罩来切换两个画面，其中包含了一些有意思的细节，如云在转换过程中改变了颜色、日月在转换过程中用到了遮罩和其他特效。这个制作总体上比较简单，但总会有些细节值得大家认真思考。这大概就是 MG 的魅力所在吧。

本节的讲解视频中有丰富的内容，真实地再现了项目创作过程中所遇到的问题，同时也提供了相应的解决方法。图文结合的步骤讲解把本书案例涉及的操作步骤呈现出来，同时也为大家准备了素材资源，大家学习时直接导入使用即可。

◎ 创建合成，导入素材

创建合成，设置"宽度"和"高度"依然是 800 像素和 600 像素，"帧速率"为 25 帧／秒，"持续时间"为 6 秒，合成的背景颜色可以随意设置。把素材文件"Day and Night.psd"拖入"项目"面板中，这时会出现提示对话框，其中导入种类选择"合成－保持图层大小"、图层选项选择"可编辑的图层样式"，如图 2-41 所示。

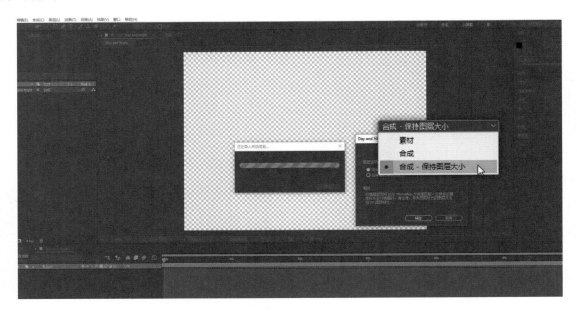

图 2-41　创建合成，导入素材

导入素材后发现图层是全部堆到一起的，这时需要把白天和黑夜两个部分的图层拆分开。这一操作可以在 After Effects 里进行，也可以在 Photoshop 里给两个部分分别编组并保存，再导入 After Effects 中进行。在 After Effects 里的操作方法：选择所有关于白天场景的图层，并创建预合成，命名为 Day；剩余的图层为夜晚场景的图层，同样选择这些图层后创建预合成，命名为 Night。

◎ 核心转场效果

新建形状图层，使用椭圆工具绘制一个圆形，命名为"转场"，使其与背景中心对齐。关闭"填充"属性，打开"描边"属性（"转场"图层属性：内容＞椭圆 1，"描边 1"和"填充 1"两个属性左侧有眼睛图标，把"填充 1"左侧的眼睛图标关闭即可）。

把描边属性的数值调大，使其填满整个圆形的内外区域（如同"填充"效果）并选择"转场"图层属性，添加"修剪路径"属性（内容＞添加＞修剪路径），如图 2-42 所示。

添加"修剪路径"属性后,"转场"图层会增加一个属性分类:内容 > 修剪路径。它有 3 个属性:开始、结束、偏移。将"开始"属性的值设置为 75.0%,"结束"属性的值设置为 25.0%,"偏移"属性的值设置为 0x+180.0°。记录关键帧,把整个圆形拖曳至舞台下方,让圆形的中心点与合成舞台的下边缘对齐(中心点可以稍微向下移动一点),如图 2-43 所示。

图 2-42 添加修剪路径

图 2-43 调整转场中心点

放大整个圆形,修改"转场"图层属性:内容 > 椭圆 1> 椭圆路径 1,把"大小"属性的值改为 1303,"描边"属性的值改为 1298(也可以统一改为 1300,小的误差不影响效果),"描边"属性的值可以在工具栏中直接修改。检查"转场"图层是否已经覆盖了整个合成,调整"转场"图层属性:内容 > 修剪路径,将鼠标指针放在"偏移"的参数上,使其变成双向箭头的形状,然后通过拖曳鼠标改变"偏移"的属性值,如图 2-44 所示。

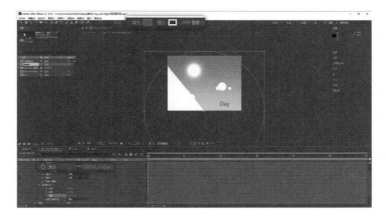

图 2-44 制作转场动画

选中 Day 预合成，将"轨道遮罩"设置为"Alpha 反转遮罩'转场'"。"时间轴"面板左下角的第 2 个图标为轨道遮罩开关，单击打开后可以看到"时间轴"面板的下拉列表，位于关联器左边，名称为"T TrkMat"，单击下拉框时名称会变化为"轨道遮罩"，如图 2-45 所示。

图 2-45 设置 Alpha 反转遮罩

展开"转场"图层属性：内容＞修剪路径，对"偏移"属性做关键帧动画，属性值为 0x+0.0° 到 0x+180.0°，时间跨度为 1 秒。

框选"偏移"属性的两个关键帧，单击鼠标右键，选择"关键帧辅助＞缓动"选项 [快捷键是 F9（Windows）或 Fn+F9（macOS）]，关键帧形状从菱形变成漏斗状。单击"图表编辑器"图标，或按快捷键 Shift+F3 进入动画曲线编辑模式，再按一次图标则切回图层模式，如图 2-46 所示。

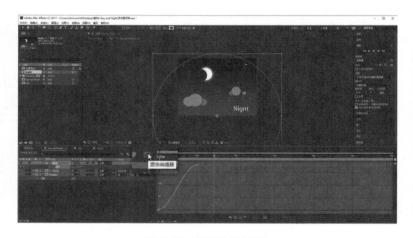

图 2-46 打开图表编辑器

★ 提 示

● 当前案例中涉及的图表编辑器知识，仅需要跟随讲解完成操作即可掌握。

● 动画曲线基于贝塞尔曲线，与 Photoshop 和 Illustrator 一样，都通过手柄来控制曲线弯曲度。

● 如果对曲线效果不满意，又无法调整回去，可以切换回图层模式删除并重新建立关键帧，之后再进入"图表编辑器"调节曲线效果。

从图 2-46 中可以看到曲线偏向 "S" 形，通过按 "+" 和 "-" 键来缩放曲线图表会更加方便。选中曲线上的一个锚点，可以看到水平的调节手柄，按住 Shift 键并拖曳手柄可以调整其曲度，这里对两个锚点的曲度都进行调整，如图 2-47 所示。

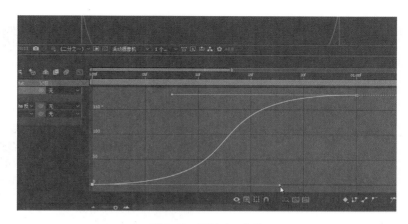

图 2-47　调节动画曲线

反复调整和预览曲线效果，直到满意为止。另外，可以在曲线图表空白处单击鼠标右键，选择 "自动选择图表类型" 选项，这样可以保证与教程中的图表呈现方式一致。详细的知识点和操作演示会在后面向大家展示。

◎ 云层分离效果

双击进入 Day 和 Night 两个预合成，把与云相关的图层全选后剪切到外部合成中 [剪切快捷键是 Ctrl+X（Windows）或 Command+X（macOS），粘贴快捷键是 Ctrl+V（Windows）或 Command+V（macOS）]。

复制转场图层，分别放置在每一个与 Day 相关的云图层上方，并为每一个与 Day 相关的云图层设置 "Alpha 反转遮罩"，如图 2-48 所示。

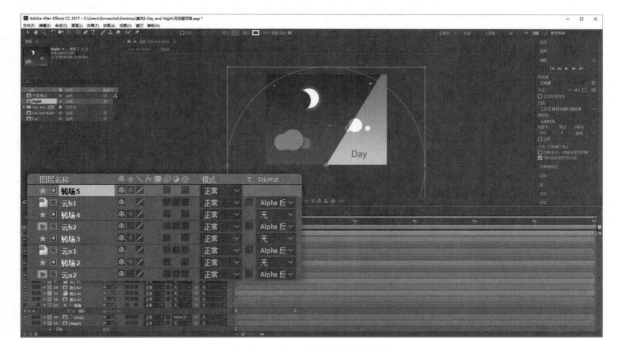

图 2-48　为云图层单独设置遮罩

使用关联器把"云 a2"合成
的父级关系链接到"云 a1"图层，
拖曳时间线到图2-49所示位置，
即转场刚好触碰到云的那一帧。
对"云 a1"图层的"位置"属性
记录关键帧，再继续拖曳时间线，
到转场离开云层的位置，斜向拖
曳对象，生成第 2 个关键帧。

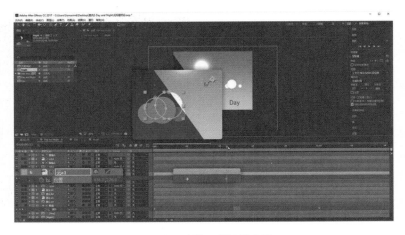

图 2-49　制作云层转场动画

完成之后，继续拖曳时间线，使时间间隔少于前两个关键帧的时间间隔，把第 1 个关键帧复制过来，这样
就完成了一个牵拉后回弹的效果。完成后，把"夜云 a1"图层链接到"云 a1"图层，把"夜云 a2"图层链接
到"夜云 a1"图层，这样就完成了云的独立遮罩效果。按照同样的方法完成第 2 组云的制作，从而完成这个部分。

给 Day 和 Night 的文字图层添加效果，先把时间线拖曳至转场刚好碰到 Day 文字的地方，如图 2-50 所示。
然后双击进入 Day 预合成，可以发现时间轴的位置是同步的，在此处为 Day 文字图层记录"位置"属性的关
键帧（快捷键是 P ）。之后切换回总合成中继续拖曳时间线至 Night 文字图层完整出现的位置，并再次双击进
入预合成，将 Day 文字向下拖曳，直至超出合成舞台时记录第 2 个关键帧。

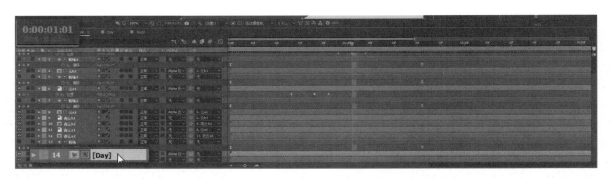

图 2-50　制作文字转场动画

框选两个关键帧（快捷键是
F9 ），将"关键帧辅助"转换为
"缓动"。打开"图表编辑器"，
将动画曲线调整至图 2-51 所示
状态。

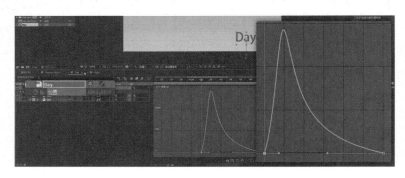

图 2-51　调整文字入场的动画曲线

接下来给 Night 文字图层添加效果。将时间线拖曳至 Night 文字开始出现之前的位置，双击进入 Night 预合成并选中 Night 文字图层，使用中心点工具（快捷键是 Y），将中心点拖曳到字母 N 的左下角，然后对"旋转"属性做关键帧记录（"旋转"属性的快捷键是 R）。回到总合成中，在 Night 文字完整展示的位置双击进入 Night 预合成，将"旋转"参数改为 0x+7.0°。最后复制第 1 个关键帧，补充一个回弹效果即可，注意后两个关键帧的时间间隔要少于前两个关键帧的时间间隔。

注： 讲解视频中有详细的操作步骤演示，并且没有剪辑掉"意外情况"，实际上在制作过程中是很容易遇到"意外情况"的。核心效果是"轨道遮罩"的转场，利用修剪路径的扇形变化作为遮罩。制作云朵的效果时，单独添加了转场遮罩并运用了关联器，这样只需要用最小的工作量便可完成动画的调整。

◎ 入场及转场后的运动细节

首先制作入场动画及转场后延续的动画效果。回到总合成中，全选所有被激活的关键帧 [快捷键是 Ctrl+A（Windows）或 Command+A（macOS）]。按 U 键，会收起所有图层；再按一次 U 键，所有调整过的关键帧就会单独显示出来。

框选所有关键帧，将它们的起始位置拖至 1.5 秒。预览时会发现一些小问题，如文字部分节奏错位，可以通过拖曳时间线进入对应的预合成，调整关键帧的位置来解决。

由于关联器的父级关系，实际上只有两个图层的"位置"属性被调整了。同时选中这两个图层的"位置"属性，将其向左边拖曳一定的距离，注意速度不能太快，如图 2-52 所示。

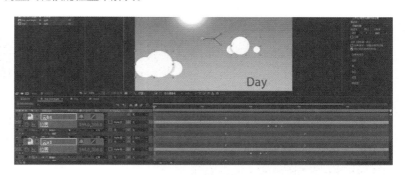

图 2-52　调整图层的"位置"属性

随后调整云的不透明度，因为入场效果包含了不透明度的变化。由于关联器的图层父子关系不影响不透明度的变化，因此需要对白天的所有云进行"不透明度"属性的调整。

夜里的云的不透明度会在入场变化的时候穿帮，可以把它设置为转场效果发生之前不显示。具体操作比较简单：拖曳时间线，当转场到达云的位置时，进入预合成，设置"不透明度"属性值为 100%，并把在此之前的一帧的"不透明度"属性值设置为 0%。

转场完毕后，云还会运动，需要继续调整"位置"属性的变化。与入场运动一样，只需要继续调整"云 a1"图层和"云 b1"图层，使其节奏控制与入场一样，持续时长到合成结束。

● 嵌套合成的内外调节靠时间轴进行位置的判断，操作时需要耐心一点。

● 若把握不好效果和节奏，可以参照视频讲解来操作。

● 若对动画调节效果不满意，可以把时间线拖曳至动画开始的位置，单击关闭记录关键帧的秒表图标，重新创建动画。

◎ 制作日月星辰的效果

预览完入场效果，如果比较满意便可进行最后一个部分的制作。日月星辰的效果相对来说复杂一些，但依然离不开前面所讲的 3 个知识点。

把 1 秒的位置定为太阳的入场点，打开"太阳"图层的"位置"属性并记录关键帧，同时对文字 Day 记录入场动画的关键帧，同样是在 1 秒的位置。

由于制作转场时调整过 Day 图层的"位置"属性，这里可以把位于右侧的第 1 个关键帧复制过来并转换为普通关键帧。按住 Ctrl（Windows）或 Command（macOS）键并单击关键帧便可将其转为普通关键帧。然后把时间线拖曳回 0 秒的位置，将"太阳"图层和 Day 图层分别从上、下两个方向拉出合成舞台，如图 2-53 所示。

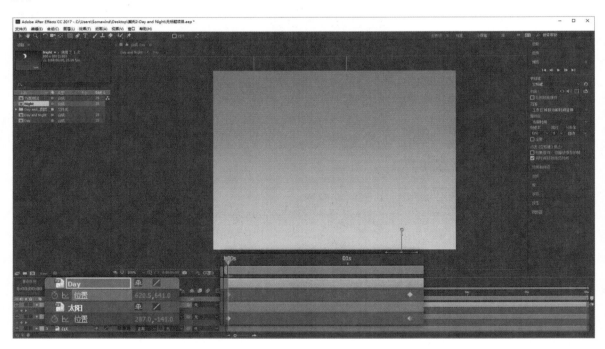

图 2-53　制作太阳的入场动画

框选关键帧，调整动画曲线，但要注意 Day 的曲线是有两段的，如图 2-54 所示。在选择曲线锚点的时候尽量不要出现误操作，如果出现误操作，可以通过回到上一步的方式来取消当前操作 [快捷键是 Ctrl+Z（Windows）或 Command+Z（macOS）]。

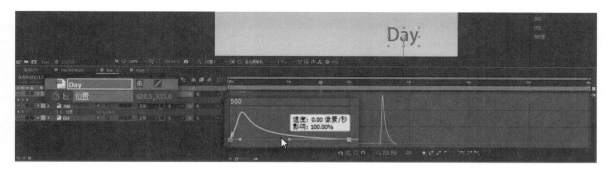

图 2-54　调整太阳入场的动画曲线

前面调整太阳的运动效果只是为了辅助调整 Day 图层而做的入场效果，实际上这个部分需要重新绘制。

在 Day 预合成中新建形状图层，命名为"太阳"。使用椭圆工具并按住 Shift 键绘制一个圆形，并展开圆形的图层属性：内容 > 椭圆 1，将"椭圆 1"图层重命名为"太阳"并连续复制 3 份 [快捷键是 Ctrl+D（Windows）或 Command（macOS）]。分别将 3 个圆形图层命名为"光晕 1""光晕 2""光晕 3"。其中，设置"太阳"的大小为"130.0，130.0"，3 个光晕的大小根据自己的感觉适当增大即可。注意，不要让数值存在小数，以保持图形边缘的清晰度。

每一个"填充"属性的下方有一个"变换"属性组，展开后可看到"不透明度"一项，把 3 个光晕的"不透明度"属性值都设置为"20%"，如图 2-55 所示。

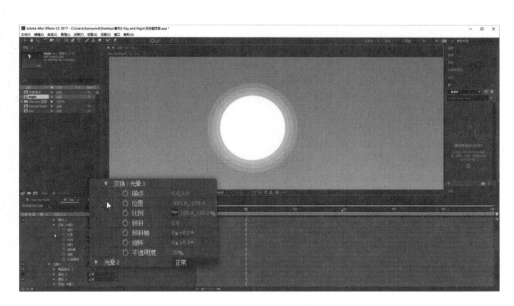

图 2-55　绘制太阳的多层光晕

给"太阳"图层添加发光特效，选中"太阳"图层并单击鼠标右键，执行"图层样式 > 外发光"命令，如图 2-56 所示。

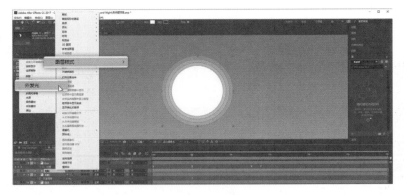

展开"太阳"图层，新增一个图层样式的属性组"图层样式>外发光"，修改"颜色"属性为白色，将"大小"的属性值改为76.0。参考之前太阳入场的动画，重新调整"太阳"图层，包括调整运动曲线，调整好入场效果就完成了。

图 2-56　为"太阳"图层添加"外发光"效果

接下来需要把"光晕 1""光晕 2""光晕 3"的属性分别展开，并记录关键帧，然后把时间线拖曳至 0.5 秒的位置，将 3 个光晕的"大小"属性值都改为"130.0，130.0"。

设置图层样式中"外发光"效果的"不透明度"和"大小"属性，调整动画的层次感，把关键帧按照一定的错位拉开，完成太阳入场发光的动画制作，如图 2-57 所示。

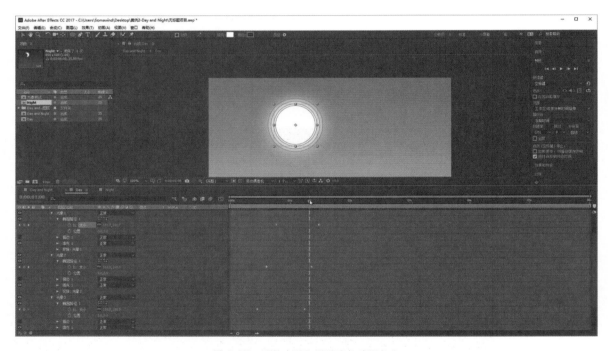

图 2-57　调整太阳入场发光的动画节奏

★　提　示

● 发光的整个过程需要配合入场进行调整，可以通过预览找到最合适的节奏。

● 图层混乱的时候，可以用快捷键 U 进行展开和折叠。

最后调整月亮，直接把"太阳"图层从 Day 预合成复制到 Night 预合成中，把颜色调整为灰蓝色，并把"外发光"和"不透明度"等参数值调小，取消"位置"属性关键帧，增加一个轨道遮罩并命名为"月影"，如图 2-58 所示。

对"月影"遮罩图层做一个斜向的位置变化，使其配合发光的过程，变化效果可以参考案例完成后的效果，星辰效果仅是改变图层的不透明度。

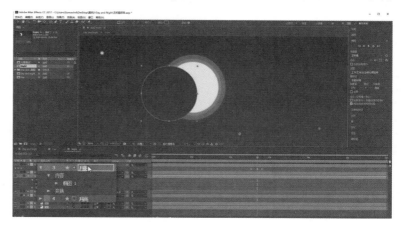

图 2-58　制作月影

注：云朵的入场、太阳的发光、月缺的产生，让简单的对象有了自己的特征，这些创意想法是在静态制作阶段就确定下来的。而到了动画制作阶段，有一些制作效果和方案会在制作过程中不断地调整，或者说在某个阶段才会被确定下来。

★ 提示

● 学习 After Effects 软件的操作时会经常遇到各种各样的小麻烦，习惯即可。

● 可以先看一遍讲解视频，看第 2 遍时再跟随操作，这样更容易对案例形成整体性思维。

● 案例是对某些工具和功能的集中运用，还原出案例效果只是第 1 步操作。

● 尽可能多地去搜集一些有趣的 MG 作品，思考能否通过已学到的知识完成作品中的效果。

扫描二维码

查看案例讲解视频

案例小结

这个案例中融入了嵌套合成、遮罩及时间控制 3 个重要的制作思路，并且还原了制作过程中遇到的问题及解决问题的方法。读者结合前面对工作流程的学习，更容易明白实际制作过程的复杂性。制作方法并不是最重要的，我们真正的目标是完成自己想要的效果，准确地表达出自己的创意。

在制作之前，往往需要先把一部分效果制作出来（如静态场景搭建），以便制定一个可行的制作方案。在制作过程中，需要对制作方法进行对比和各种各样的尝试。当然，这样的能力只有在掌握一定的基础之后才能具备，笔者会以案例视频讲解的方式引导大家养成这样的思维习惯。

5. 训练任务

请跟随讲解视频完成案例的制作，在制作过程中可以根据自己的想法调整一些细节。如果你暂时没有这样的想法，那就先把案例中的效果重现出来。制作完成后，对比一下有没有不一样的地方，并且思考原因。

2.3.3 路径动画与图层父子关系

通过前面案例的学习，我们不难发现，使用 After Effects 制作 MG 不仅需要运用工具，更需要巧妙运用思维方式。在实际工作中，要学会使用工具和方法，并掌握思维方式，将它们有机组合并运用于创作中。这一小节是针对前面介绍过的知识点进行一定程度的强化，并带大家了解一些新的知识点。

1. 路径动画

此处的路径动画并非将路径作为元素引导线，而是在将形状作为贝塞尔曲线路径的前提下，针对锚点所做的关键帧动画。这也是 After Effects 强大功能的体现。

贝塞尔曲线路径动画，可以针对锚点进行调整。例如，在绘制 Photoshop 和 Illustrator 的矢量图形过程中，随着时间线的运动，记录每一个状态后发现它是动态变化的。关键帧会记录锚点的运动状态，并基于对贝塞尔曲线的调整来改变图形曲线，从而实现形状的改变。也就是通过丰富的组合方式，完成复杂的动态变化。

通常来讲，没有经过运动曲线调整的路径动画是单调而死板的。因此，需要经常配合曲线调整和表达式来优化路径动画的表现力。在接下来的案例中会继续介绍相关的知识和技巧。

2. 图层父子关系

图层之间可以通过关联器设置父子关系来管理复杂的图层结构，但父子关系主要是针对一部分以运动为主的图层属性，如位置、旋转、缩放等。父子关系对图层中的各种对象所具备的很多运动以外的属性是不支持的，如贝塞尔曲线路径动画。父子关系的延伸是操控变形工具以及二维骨骼绑定。在二维模拟动物骨骼运动方面，After Effects 的表现不够强大，好在这些缺憾已被一些第三方插件弥补了。本章会专门介绍一些常用的插件及基本使用方法。

注：用 After Effects 创作的 MG 更多的是二维形式，因此我们看到的大部分 MG 作品，几乎都是矢量图形的平面化演绎。换句话说，MG 的创作一直离不开矢量图形相关的工具、功能和属性。我们需要把更多的精力放在如何学习与之相关的知识点上，并掌握制作技巧，从而创作出令人满意的 MG 作品。

---

3. 案例：闪光水母

下面继续加强关于形状图层衍生的动态效果学习，并配合父子关系和时间控制来完成一个"闪光水母"的 MG 作品。这个案例需要大家把重心放在实际操作上。

扫描二维码

查看案例最终效果

◎ 分析与构思

如图 2-59 所示，一个半透明的水母入场。在这里水母被概括为点、线、面形式的图形，通过 MG 的方式让图形模拟出真实对象的运动状态。

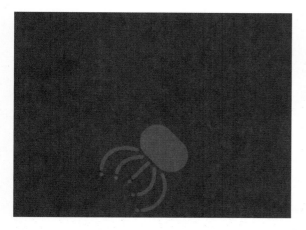

图 2-59　案例截图 1

如图 2-60 所示，水母在伸展身体的同时发出了光芒，让人联想到海底世界的自发光生物，但又不会对应到某种具体的生物上。

图 2-60　案例截图 2

第 1 只水母游离画面后，出现另外两只水母，错开的节奏让人感受到群体生物运动而不单调的效果。视频设置了头尾循环模式，生成的 GIF 动画图片可以无缝循环播放，如图 2-61 所示。

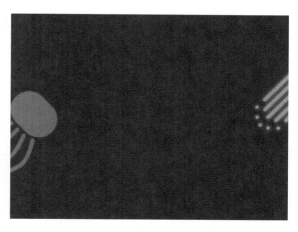

图 2-61　案例截图 3

这个动画中有比较熟悉的内容，如图层样式中的外发光。水母身体的弯曲效果和身体联动，也许能让你猜到是图层父子关系，但身体的弯曲效果其实是这一小节要讲的知识点——路径动画。

仅有这些依然无法完成这个动画，还需要一些隐藏在功能背后的知识和技巧。例如，复用水母的运动效果，以及调整节奏快慢。

◎ 水母造型与核心效果

创建一个合成，设置"宽度"和"高度"分别为 800 像素和 600 像素，"帧速率"为 25 帧 / 秒，背景色使用深蓝色（或者自定义）。创建好之后打开合成并创建参考线 [快捷键是 Ctrl+R（Windows）或 Command+R（macOS）]，然后把"信息"面板拖曳到合成中心，"信息"面板默认位于 After Effects 界面的右上角。拖曳参考线横竖均分画面，水平参考线是高度的二分之一，垂直参考线是宽度的二分之一，如图 2-62 所示。

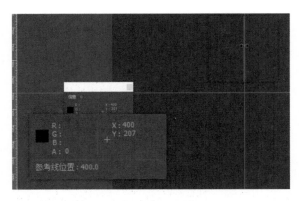

图 2-62　参考线设置

锁定参考线，执行"视图 > 锁定参考线"菜单命令 [快捷键是 Ctrl+Alt+Shift+；（Windows）或 Command+Option+Shift+；（macOS）]。锁定参考线可以防止出现误操作或改变参考线的位置。

使用形状工具中的圆角矩形工具，按住 Shift 键绘制一个圆角矩形，"宽度"和"高度"都设置为 120 像素，圆角半径设置为边长的二分之一，即 60 像素，这样看起来像一个圆形。将圆角矩形命名为"水母头部"，关闭"描边"属性，只留下"填充"属性。

使用钢笔工具绘制垂直的水母触须，按住 Shift 键会使绘制的锚点保持垂直布局。关闭"填充"属性，打开"描边"属性，"描边宽度"设置为 10 像素，"线段端点"设置为"圆头端点"。设置完成后将图层名称改为"3"，按序号命名水母的触须，如图 2-63 所示。

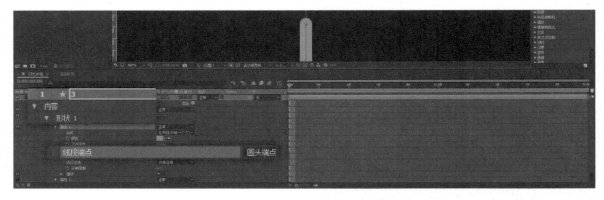

图 2-63　绘制水母触须

使用定位点工具把中心点（锚点）移动到靠近水母头部的端点，切换为钢笔工具，在触须这条路径的中间位置增加一个锚点（需要先选中路径属性，钢笔工具靠近被选中状态的路径时会出现"+"标记，此时单击即可添加一个锚点），如图 2-64 所示。

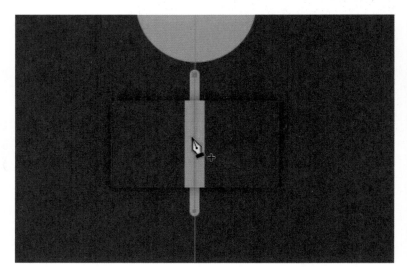

图 2-64　添加锚点

完成后，选中水母触须图层，复制 4 份并均匀排列这 5 条触须，然后调整顺序并命名，如图 2-65 所示。

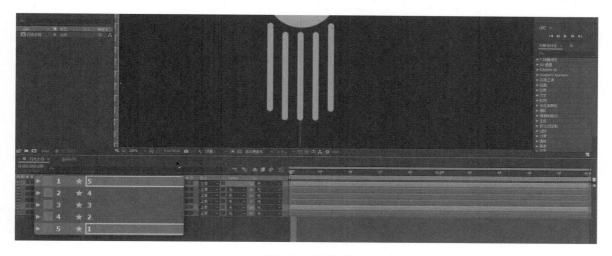

图 2-65　排列触须

● 修改"大小"属性（形状图层：内容 > 矩形 1> 矩形路径 1> 大小），可以改变矩形的大小。

● 修改"圆度"属性（形状图层：内容 > 矩形 1> 矩形路径 1> 圆度），可以改变矩形的圆角半径。

● 选中"路径"属性（形状图层：内容 > 路径 1> 路径），可以框选锚点后拖曳形状并对齐参考线。

● 设置"线段端点"类型（形状图层：内容 > 矩形 1> 描边 1> 线段端点），可以设置端点形状为平头端点、圆头端点、矩形端点。

● 在操作中要慢慢适应并熟悉这些相对复杂的层级关系，从而提升效率。

将 5 条触须绑定到头部，使用关联器关联父级关系即可。对每个触须的路径属性分别在 0 帧和 20 帧的位置创建关键帧。对第 20 帧的路径状态进行调整，做出触须弯曲的效果。可以通过拖曳参考线的方法保证图形左右对称，如图 2-66 所示。

图 2-66　制作触须收缩动画

在第 25 帧，即 1 秒的位置，通过复制路径属性的第 1 个关键帧把触须恢复到刚开始的垂直状态。框选所有的关键帧，将"关键帧辅助"设置为"缓动"。打开"图表编辑器"，调整动画曲线。在复选状态下，可以对所有图层的动画曲线进行统一调整，如图 2-67 所示。

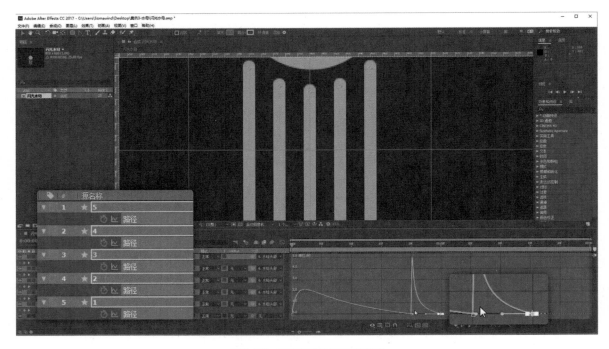

图 2-67　调整触须收缩动画曲线

展开"形状 1"图层的属性：内容 > 形状 1，将"形状 1"重命名为"1"并为其添加"修剪路径"，展开"修剪路径"的属性，将"结束"设置为 77%，如图 2-68 所示。

展开"1"图层的属性：内容 >1，复制"1"图层，重命名为"2"，展开"2"图层的"修剪路径"属性，把"开始"设置为 99.9%，把"结束"设置为 100%。

对 5 条触须都进行如上操作，效果如图 2-69 所示。

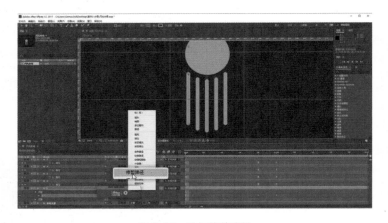

图 2-68　添加修剪路径

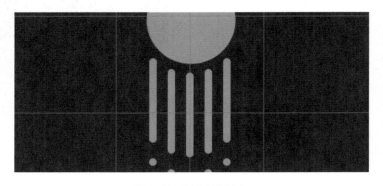

图 2-69　制作触须端点

针对每一个端点形状的"修剪路径"属性中的"偏移"创建关键帧，并参考触须弯曲的关键帧节奏调整"端点"的伸缩效果，如图 2-70 所示。

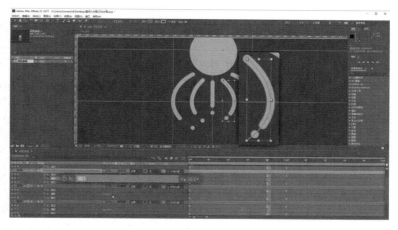

图 2-70　制作端点收缩动画

调整运动曲线的时候，可以按照两两一组的方式，因为"1"和"5"、"2"和"4"的运动节奏一致，所以可以分别调整这两组曲线，这样就可以提高制作效率，如图 2-71 所示。

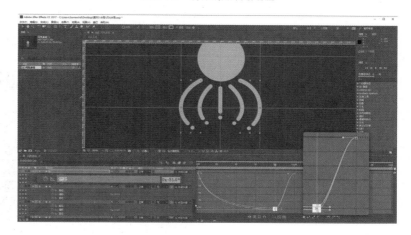

图 2-71　调整收缩动画运动曲线

展开"水母头部"图层属性：内容＞矩形 1＞矩形路径 1＞大小，配合触须伸缩的节奏调整头部的挤压与拉伸动画效果，具体参数可参考图 2-72 设置，也可根据需要自行设置。

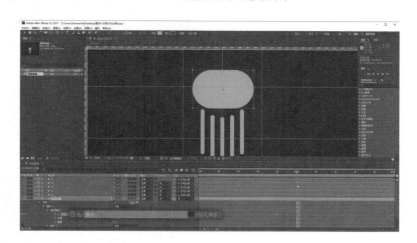

图 2-72　制作水母头部的伸缩动画

配合头部的挤压与拉伸，调整 5 条触须的位置，让触须与头部的间距始终保持统一。调整 5 条触须的"位置"参数后，就完成了这个部分的制作。

在拉伸的过程中，水母头部会被拉长。因此，除了调整水母头部与触须的间距，还需要调整水母触须的间距，这样才能表现出水母发力的动态效果。图2-73所示为参考参数，可配合视频讲解和实际操作来设置最终的数值。

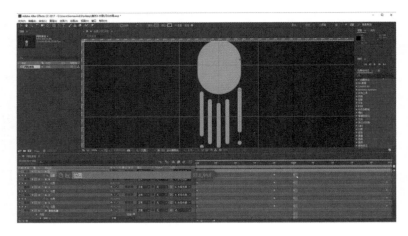

图 2-73　头部与触须的细节调整

整体调整水母头部和触须等部分的运动曲线，要善用预览功能及复选调节的方法，具体可参考图2-74。

这里需要注意，水母的整个运动效果是循环的，因此需要把第1帧的状态复制到最后一帧。这个操作方法非常简单，按U键即可展开所有记录过关键帧的属性。将时间线拖曳至轨道末端，复制并粘贴每一个属性的第1帧。

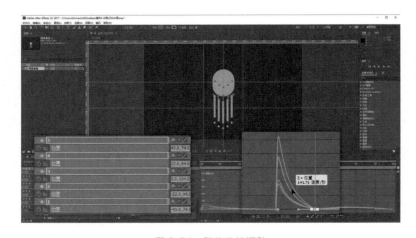

图 2-74　整体曲线调整

通过预览确定整体运动效果，待运动部分完成后再添加特效，特效主要通过不透明度变化和图层样式完成。首先针对所有图层的"不透明度"属性记录关键帧，不透明度的变化顺序是70%—20%—100%—70%。

其次，调整图层样式。选中"水母头部"图层并单击鼠标右键，选择"图层样式 > 外发光"命令，并修改"颜色"属性，记录"不透明度"与"大小"这两项属性的关键帧，如图2-75所示。

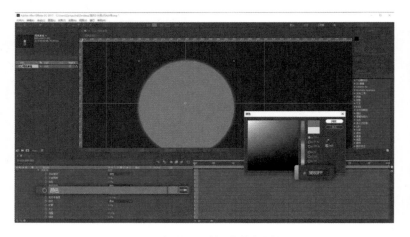

图 2-75　调整图层样式的外发光效果

折叠各图层的属性，选中"图层样式"属性组，按快捷键Ctrl+C（Windows）或Command+C（macOS）复制。依次选中各触须图层，按快捷键Ctrl+V（Windows）或Command+V（macOS）粘贴，如图2-76所示。

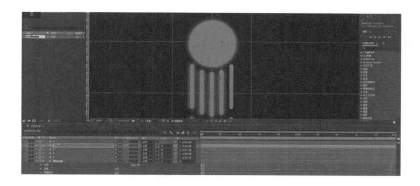

图2-76　复制并粘贴图层样式

其中，"外发光"的大小变化顺序是7.0—1.0—13.0—7.0。"不透明度"的参数可根据需要调整（本案例中没有继续调整，大家可以根据需要设置这个属性的动画），到这里就完成了核心效果的制作。

★ 提 示

● 核心效果实际上只是几个简单的属性运动，是通过调整动画曲线完成的，在水母身体各部分的配合下产生丰富的运动变化。

● 在实际制作过程中有一部分操作需要观看视频自行体会，因为有时候容易出一些小问题，比起顺畅地制作完成一个MG作品，有时发现问题并解决问题的过程更有价值。

● 注意，操作前对要调整的属性进行确认，这样在调整动画的过程中就能减少失误。

◎ 水母运动循环

新建一个合成，命名为"水母运动"，将"持续时间"改为8秒，其他设置不变。建好合成后，从"项目"面板将"闪光水母"合成拖曳到"水母运动"合成的时间轴上，完成合成嵌套。

选中"闪光水母"合成，执行"图层＞时间＞启用时间轴重映射"菜单命令[快捷键是Ctrl+Alt+T（Windows）或Command+Option+T（macOS）]。操作完成后，会发现该合成的头、尾部建立好了两个关键帧，如图2-77所示。按住鼠标左键拖曳合成尾部可以增加这个合成的时间长度，将其拖曳至时间轴末端，即8秒的位置。

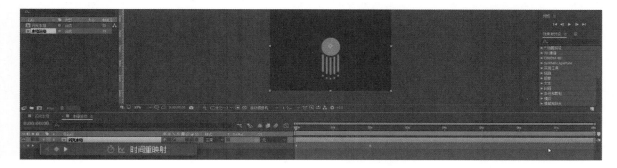

图2-77　时间轴重映射

69

按住 Alt 键（Windows）或 Option 键（macOS），单击属性名称前的秒表图标，针对时间轴重映射创建表达式。表达式是一个复杂的知识点，本案例暂时只教大家使用案例制作的相关功能，后面会专门讲解。

创建好表达式后，属性下方会出现多个功能按钮，单击最后一个按钮，在弹出的下拉列表中选择 Property>loopOut(type="cycle",numKeyframes=0)，如图 2-78 所示。

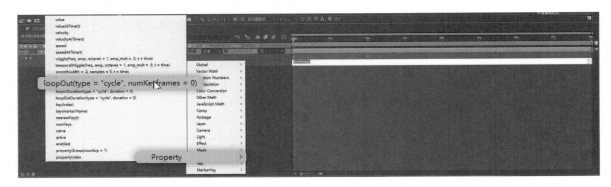

图 2-78　循环表达式 loopOut

这时会发现第 1 次运动播放结束之后有一帧闪烁，也就是"闪光水母"合成的最后一个关键帧，在它之前创建一个关键帧，然后把它删掉即可消除闪烁效果。

接下来针对"闪光水母"合成的"位置"和"旋转"两个属性进行调整，将其运动方向调整为自画面左下方到右上方，将"旋转"的属性值改为 0x+45.0，"位置"参数设置如图 2-79 所示。

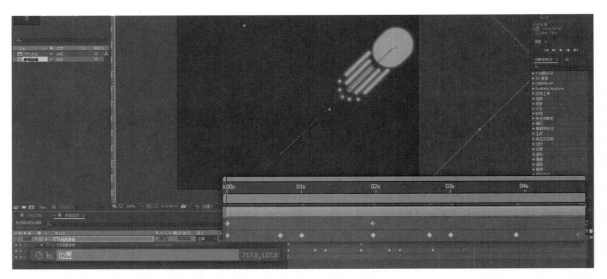

图 2-79　制作水母游动动画

根据运动规律，水母拉伸的时候会快速向前游动，收缩的时候会因动能消耗而减缓速度，从而形成"慢—快—慢"的循环运动方式。拉伸动画中，两个关键帧之间的运动距离相对较大，持续时间较短；收缩动画中，两个关键帧之间的运动距离相对较小，持续时间较长。

● 对表达式感兴趣的读者可以先翻阅后面的内容，然后再回来学习本案例。

● 循环是常用的时间控制手段，用它在提高效率的同时也能完成很多意想不到的效果。

● 根据需要灵活调整参数，直接拖曳物体或者使用拖曳参数等方法制作动画。

新建一个合成，命名为"多个水母"，将"持续时间"改为14秒。参考"水母运动"合成的嵌套方式，拖曳"水母运动"合成进行合成嵌套。先在"时间轴"面板中复制两次，之后调整合成中各图层的前后关系，完成水母群的运动效果。

案例小结

这一小节的新内容并不多，只是对前面已讲过的技巧进行巩固。案例的制作方案，相对来说属于比较理想的逻辑关系。因此学习案例时，除了要有创意思维，还要熟练掌握操作技巧。相信经过一段时间的重复性操作，就能真正掌握这些技巧。

4. 训练任务

请跟随案例的讲解视频，完成这一小节的案例制作。注意案例讲解视频中提到的一些技巧，并尝试使用。

扫描二维码

查看案例的讲解视频

2.3.4 3D 图层与摄像机

1. 3D 图层

关于 3D 图层，After Effects 帮助文档中的 3D 图层条目里第 1 句话就是："在您将图层做成 3D 图层时，该图层仍是平的，但将获得附加属性。"前面提到的问题"After Effects 是否具有 3D 创作的功能"，答案是 After Effects 仅具备为图层对象增加 3D 属性的能力，并不能进行 3D 建模。3D 图层增加的属性有一个新的维度，即 Z 轴（包含与之相关的锚点、位置、旋转、缩放等属性）。另外，增加的属性还有材质选项，它是与摄像机功能配合的一组参数，包含灯光、阴影等。

2. 摄像机

摄像机和形状图层一样，可以在"时间轴"面板的空白处单击鼠标右键直接创建，也可以执行"图层 > 新建 > 摄像机"菜单命令创建。创建摄像机后会有个预设面板，类似合成设置面板，很多人刚看到的时候可能会觉得很复杂。坦白说，我刚开始学习的时候也是这样认为的。不过在这里只需要把"预设"调整为"35 毫米"，并勾选"启用景深"复选框就可以了，如图 2-80 所示。

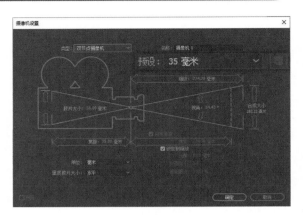

图 2-80　创建摄像机

如果没有预先转换过 3D 图层，那么 After Effects 会提示摄像机是基于 3D 属性工作的。摄像机除了有 3D 图层相同的几个变换属性，还多了 Z 轴。接下来就是摄像机特有的属性，前面提到的"启用景深"可以在这个地方进行修改。继续引用帮助文档中的一句话："影响景深的 3 个属性是焦距、光圈和焦点距离。"这一小节的案例主要是对摄像机的属性进行调整，如图 2-81 所示。

图 2-81　摄像机属性

"焦距"是视觉中心的远近距离。它能模拟人眼观察事物的原理，通过调整双眼的焦距让远近的物体清晰度发生变化。"光圈"数值越大，模糊度越高，适当地设置光圈参数可以达到非常逼真的景深效果。另外，利用镜头的"缩放"属性可以将目标对象拉近或推远。

***

注： After Effects 的 3D 图层与摄像机是配合使用的，它们具有关联的属性参数，因此制作时也要基于这样的关联思路。例如，接下来介绍的案例是将摄像机的父级关系链接到开启 3D 属性的空对象图层，这个制作思路也是对上一小节所提到的父子关系的强化。After Effects 还有很多关联的功能，随着学习的深入，你将会陆续接触到它们。

***

3. 案例：摄像机和 3D 图层

下面笔者要讲解一个对 UI 设计师来说十分亲切的案例。案例中包含简单的交互操作，并且通过摄像机与 3D 图层的方式模拟界面处于立体空间中的效果，使界面的视觉冲击力更强。

◎ 分析与构思

图 2-82 所示为一个图文页面，需要模拟纵向滚动的交互操作，注意内容滚动时要有合理的减速。

扫描二维码

查看案例最终效果

图 2-82　案例截图 1

随后是页面横向切换到猫的图文分类页面。如图 2-83 所示，整个页面在三维空间运动时呈现透视效果，具有空间光影与景深。

图 2-83　案例截图 2

单击其中一个页面，展开图文详情，并进行纵向滚动。可以看到明显的虚实变化，如图 2-84 所示。

图 2-84　案例截图 3

因为这个案例有空间运动，所以视觉效果比较出色，且实际操作难度并不大。其中，静态素材的效果很关键。这个案例的主要目的是帮助读者了解 3D 图层的属性及调整摄像机选项。

◎ 页面嵌套

新建一个合成，设置"宽度"和"高度"分别为 1280 像素和 960 像素，"持续时间"为 25 秒，"背景颜色"为白色。

导入预先制作好的文件，其中导入种类选择"合成 – 保持图层大小"、"图层选项"选择"可编辑的图层样式"。由于文件比较大，需要预先处理一下再导入，如合并一部分不需要制作动画的图层。可以先完整地看一遍讲解视频，再动手制作。

PSD 格式的素材在导入后会按照"画板 > 图层组 > 智能对象"的层级关系创建合成，可以先打开 PSD 文件浏览素材的层级关系。

新建形状图层，将其命名为"屏幕遮罩"。展开图层属性，"内容"右侧有"添加"按钮，单击按钮后可添加一个"矩形"，将矩形的"大小"设置为"750.0，1334.0"。

按 S 键调出图层"变换"的"缩放"属性，将数值改为"60.0，60.0%"，不记录关键帧。选中"矩形"并为其添加"填充"，颜色可自行设定，如图 2-85 所示。

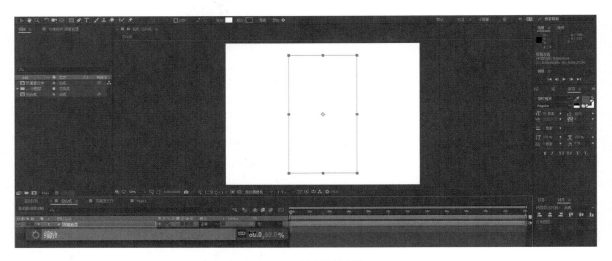

图 2-85　创建屏幕遮罩

双击"页面源文件"合成，进入后选中"Page1"合成，按快捷键 Ctrl+C 将其复制到"总合成"合成中，使用对齐工具对"屏幕遮罩"图层和"Page1"合成进行"顶对齐"和"左对齐"处理。

接下来设置"Page1"合成的轨道遮罩为"Alpha 遮罩'屏幕遮罩'"，使用关联器将"Page1"合成的父级关系链接到"屏幕遮罩"图层，然后对"屏幕遮罩"图层进行"垂直居中"和"水平居中"处理。

最后把背景图层拖入合成中，"不透明度"设为 40%。选中图层并单击鼠标右键，执行"效果 > 模糊和锐化 > 高斯模糊"命令，把模糊度参数改为 26，这样屏幕界面的准备工作就完成了，如图 2-86 所示。

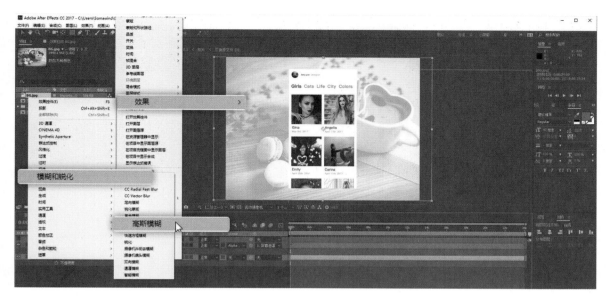

图 2-86　完成屏幕界面的准备工作

◎ 摄像机动画

新建一个合成，设置"宽度"和"高度"分别为 1280 像素和 960 像素，"持续时间"为 25 秒，"背景颜色"为白色。之后再新建一个空对象图层，命名为"摄像机绑定空对象"。

如图 2-87 所示，创建一个摄像机，注意选择"预设"为"35 毫米"，并勾选"启用景深"复选框。如果没有打开图层的 3D 属性，会看到警告提示"摄像机与灯光不会作用于 2D 图层"。警告不影响创建摄像机，只需要稍后打开图层的 3D 属性即可。

使用关联器将摄像机的父级关系链接到"摄像机绑定空对象"图层。此操作的意义在于，可以通过这个空对象的 3D 属性变化来分离并控制一部分与摄像机通用的属性（主要是"变换"层级下的属性）。对摄像机而言，只需要调整其特有的选项参数。特别是对于控制复杂的动画，这样的做法可以在很大程度上提高效率。后面将要讲到的知识点，也会采用这样的方法来分离或控制不同对象的属性。

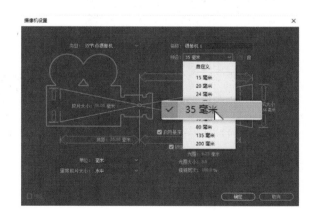

图 2-87　创建摄像机

依次打开"摄像机绑定空对象"图层、"屏幕遮罩"图层及"Page1"合成的 3D 属性。可以执行"图层 >3D 图层"菜单命令，也可以单击"时间轴"面板中的 3D 图层按钮（位于"模式"左侧），如图 2-88 所示。

图 2-88　打开 3D 属性

　　展开图层属性后，所有图层"变换"下的属性都增加了一个"Z 轴"属性。此维度可控制空间景深，从而产生 3D 效果。此外，还新增了"方向"属性，以及"几何选项"和"材质选项"选项组。下面对这些属性进行简单介绍。

※　变换属性组

　　锚点：图层的中心点，通过改变 3 个维度的数值来改变中心点的位置。锚点的变化会影响其他属性，或者说其他属性的变化是基于锚点的位置变化而变化的。

　　位置：基于锚点的位置做 3 个轴向的位置变化。

　　缩放：可从 3 个维度对图层进行缩放。在锁定状态下，调整参数会产生空间上的拉近和推远效果。

　　方向：调整后的效果与 3 个轴向的旋转变化相同，但参数范围限定在 0°~360°。

　　X 轴旋转：以 X 轴为中心旋转图层。调整效果与方向相同，参数范围更大，可设定圈数和负值。

　　Y 轴旋转：以 Y 轴为中心旋转图层。调整效果与方向相同，参数范围更大，可设定圈数和负值。

　　Z 轴旋转：以 Z 轴为中心旋转图层。调整效果与方向相同，参数范围更大，可设定圈数和负值。

※　几何选项

　　几何选项在默认状态下是不可用的，可以通过单击"更改渲染器"启用，单击后进入合成设置的第 3 个分类项"3D 渲染器"（另外两个是"基本"分类项和"高级"分类项）。更改后会增加对应的属性参数，此处不再进行详细说明。

※　材质选项

　　材质选项在新建灯光的时候会受影响，它主要控制光线反射方面的属性，需要与灯光配合使用。

　　在 2DMG 创作中，对于 3D 属性主要用到的是图层变换摄像机的属性，其中灯光、几何与材质选项主要用于 3D 模型与动画，需要配合 3D 图像工具使用。限于篇幅，此部分仅做概念讲解。

展开"摄像机绑定空对象"的属性，参考图 2-89 中的属性值进行设置。讲解视频里一边讲解各部分参数一边进行调整，因此在这里可以预先对被调整过的参数（"锚点""位置""方向""X 轴旋转""Y 轴旋转"）进行关键帧记录，然后再将时间线拖曳至 6 秒的位置，按照图 2-89 所示属性值设置各个属性，这样就可以高效完成动画的创建。

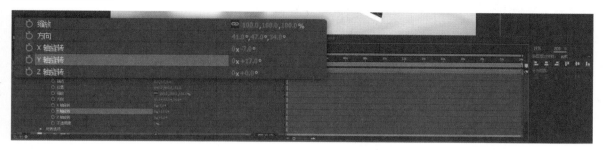

图 2-89　3D 图层空间设置

※ 摄像机选项

对于摄像机选项，这里主要讲解案例中用到的部分。在本案例中，调整的属性包括"缩放""焦距""光圈"。

缩放： 该属性类似于镜头的远近推拉效果，可以调整"摄像机绑定空对象"的缩放参数，最后的效果是一致的。

焦距： 简单来讲，焦距即对焦点。调整焦距时可以看到画面中最清晰的位置发生了变化，通常配合"光圈"属性进行调整。

光圈： 光圈控制景深大小，光圈数值越大景深越小，清晰与模糊的虚实对比就会增大。反之，则对比减小。

对于其他参数暂时不用太深入了解，大家可以抽空阅读帮助文档适当了解下。

按照图 2-90 所示参数设置摄像机 3 个选项的参数，与 3D 图层的"变换"属性一样，可以记录下"缩放""焦距""光圈"的关键帧，然后将时间线拖曳至 6 秒的位置。

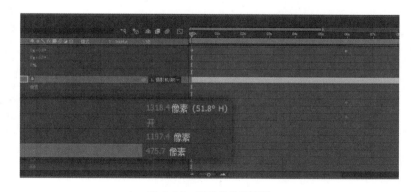

图 2-90　摄像机选项设置

关于投影不显示的问题，选中"屏幕遮罩"图层，复制一份并拖曳到"Page1"合成下方。展开"Page1"合成的属性，选中"效果"选项组，使用快捷键剪切 [快捷键是 Ctrl+X（Windows）或 Command+X（macOS）]，再选中复制后的"屏幕遮罩 2"图层，使用快捷键粘贴 [快捷键是 Ctrl+V（Windows）或 Command+V（macOS）]。这时可以发现效果已经出来了，各项属性的参数调整可参考图 2-91。

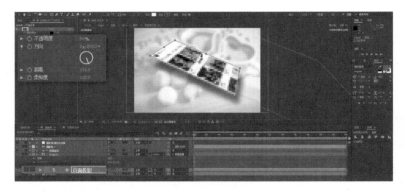

关于制作有投影效果的动画，此处不再赘述。读者可参考前面 3D 属性与摄像机选项的制作方式或配合讲解视频来调整。此处调整的属性包括"不透明度""距离""柔和度""方向"等。

图 2-91　投影效果设置

★ 提 示

● 本小节的讲解视频与图文教程略有不同，大家可以结合图文教程提高操作效率。

● 调整参数的方法并不唯一，演示过程中还有很多细节需要完善，大家可以慢慢探索。

● 使用空对象绑定摄像机是一种参数分离控制的制作思路，后面对表达式效果的控制也会采用此方法。

这里对已创建的动画进行优化。按 U 键展开记录关键帧的图层属性，然后对关键帧的动画曲线进行批量调整。此操作应当是大家比较熟悉的，大家可以参考图 2-92 仔细调整。

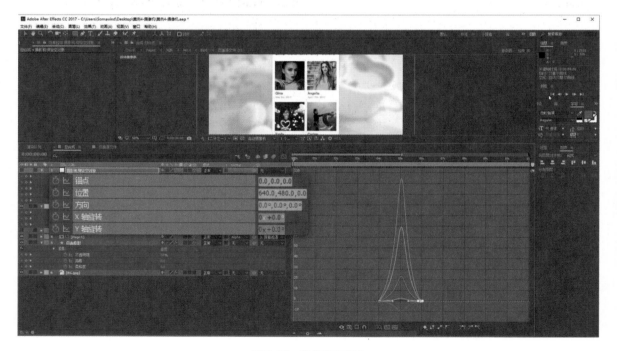

图 2-92　优化动画曲线

至此，本案例的核心效果就制作完成了。接下来需要制作页面的运动效果，这个是前面讲解过的知识点，这里带着大家简要地过一遍，大家也可以结合讲解视频来操作。

◎ 页面交互

进入"Page1"合成，通过关联器把"顶部－用户信息"合成与"标签－分类信息"合成链接到"背景／页面源文件"图层。"背景／页面源文件"图层是从"标签－分类信息"合成中剪切出来的。

大家可以将PSD文件中不用于动画制作的部分合并，导出PNG格式的图片后，再导入After Effects中进行动画制作。

制作垂直滚动的动画效果仅使用了位置属性，此处不再详细讲解，大家可以参考图2-93仔细调整。

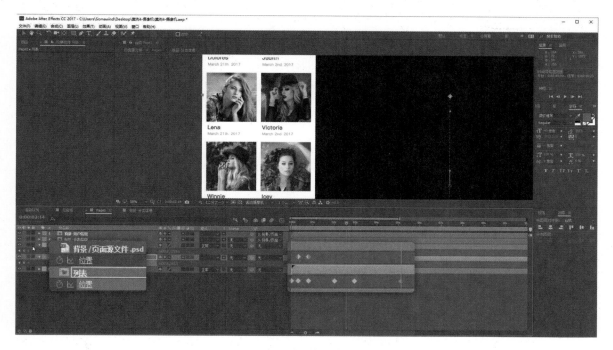

图2-93　页面垂直滚动交互动画

接下来制作分类切换的动画，需要对分类文字的不透明度做调整。将PSD文件中非当前状态的分类文字的"不透明度"设置为60%，在After Effects中不需要重新制作分类文字，仅针对其属性进行切换调整即可。"Girls"页面的"不透明度"由100%变为60%，"Cats"页面的"不透明度"则由60%变为100%。

之后进入"Page2"合成，复制其中的"列表"合成，再回到"Page1"合成进行粘贴。这时可以发现它位于"Page1"合成的右侧，使用关联器将其关联到"Page1"合成的列表中。这样做可以使"Girls"页面在从屏幕左侧退场的同时，将"Cats"页面从右侧带入屏幕中。这样便完成了横向分类页面切换交互动画的制作，具体操作请看讲解视频，一些关键帧和参数调整可以参考图2-94。

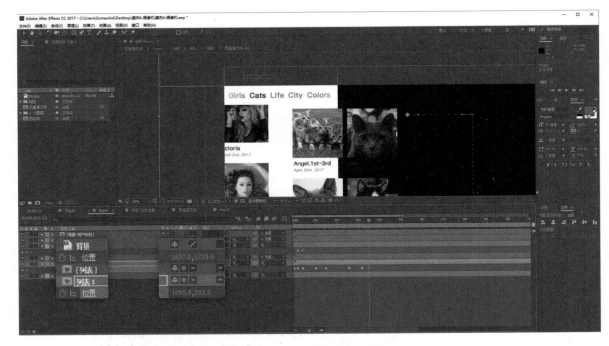

图 2-94　分类页面切换交互动画

完成上述操作后需要为第 2 组合成列表做垂直滚动的交互动画，同样通过改变"位置"属性来完成。最后制作图文详情页展开效果，这个部分需要单独把图文展开后的贴图素材导入 After Effects 中，将素材缩小并使用轨道遮罩让其处于列表中。

图文详情页的动画开始后，列表需要淡出，文章需要淡入，因此要对"不透明度"进行调整。制作贴图动画需要对"缩放"和"位置"两个属性进行调整，其中有很多细节需要注意，大家可以先对照最终效果完成制作，之后再观看讲解视频。

★ 提 示

● 导入的文件可以根据需要输出为图片文件，之后再分别导入 After Effects 中。这虽然需要一些时间重新排版，但可以加快 After Effects 的处理速度。

● 优化部分的操作可以查看源文件。对细节的调整没有终点，大家可以对源文件进行各种优化操作，争取把案例做得更好。

案例小结

　　3D 图层和摄像机的操作过程并不复杂，运用得当可以呈现出非常好的效果。每一个案例都尽可能还原实际的操作过程，并且分析其制作思路，有一些重要的内容还会在后面的章节中提到，希望大家能保持良好的心态继续学习下去。

4. 训练任务

请跟随讲解视频，完成这一小节的案例制作。将前面案例所讲的知识和技巧，综合运用在练习过程中。

扫描二维码

查看案例的讲解视频

2.3.5 动画曲线与表达式

这里介绍动画曲线与表达式这两个概念。调整动画曲线可以让简单的运动不再平凡，变得更耐看，并让人充满思考，是 MG 的精髓之一。前面带大家使用了这个功能，接下来详细介绍这部分内容。除此之外，还有表达式的概念。表达式是 After Effects 中从真正意义上讲学不完的内容，它以 JavaScript 语言为基础，是 After Effects 的核心功能之一。大家并不一定要学会 JavaScript 语言，只要会运用表达式即可。

1. 动画曲线与图表编辑器

要谈图表编辑器，就需要从动画曲线说起。在前面的案例中，笔者没有细致地讲解这部分内容。由于 After Effects 的学习难度较大，因此需要讲究方法。学会操作过程快速入门再逐步掌握相关细节知识，这是笔者推荐的学习方式。

动画曲线是对运动曲线的模拟，它基于运动学和动力学规律，而运动学与动力学又是力学的分支。由此可知，这似乎又是一个学不完的内容。对于动画曲线，我们学会使用并且大致知道它是基于什么原理即可。下面先来讲解这些概念及它们之间的关系。

◎ 运动曲线

日常生活中各种物体的运动现象，均是在力的作用下产生的结果。也就是说，各种力的作用叠加产生了丰富的运动现象。从运动现象中可以总结出物理学理论，基于这个理论，MG 在模拟运动现象时需要运用函数曲线，这就是动画曲线的理论基础。

◎ 动画帧速率

创建合成时，经常提到帧速率为"25 帧 / 秒"。那么什么是帧？帧就是动画的每一个画面。维基百科的动画条目中是这样描述的："动画是指由许多静止的画面，以一定的速度（如每秒 16 张）连续播放时，肉眼因视觉残像产生错觉，而误以为画面活动的作品。为了得到活动的画面，每个画面之间都会有细微的改变。"所以，"25 帧 / 秒"的意思是每秒切换 25 个画面。

◎ 数值的变化

任何物体的运动，如位置变化、缩放、旋转等，都会有一定时间的延续。比如物体从 A 运动到 B 所用的时间为 1 秒，A 到 B 是两个数值的变化，相当于在总时间不变的情况下，物体都是从 A 运动到 B，在移动的过程中速度可以时快时慢，但平均速度是相同的。如果使用一个二维坐标来表示这个变化，横轴为时间（Time），纵轴为数值（Value），那么在运动速度没有快慢变化的情况下，值曲线是一条斜线，除此之外的各种曲线均是有速度变化的，如图 2-95 所示。

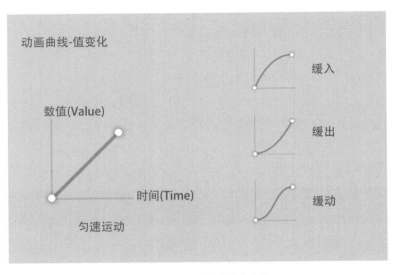

图 2-95　动画曲线中值的变化

◎　速度的变化

如果物体运动过程中变化的是时间，而不是数值，那么速度就会发生变化。例如，在 1 秒的时间内物体的运动距离为 100 像素，如果改变时间，使物体在 0.5 秒内的运动距离为 100 像素，那么速度就提高了 1 倍。现实生活中，速度在大多数情况下是一个变化的量。例如，汽车刚启动时处于加速度状态，真正的匀速运动很少。把速度作为一个二维坐标中的纵轴变量，随着时间的推移，速度若一直不变，速度曲线则会是一条横线，即物体做匀速运动，除此之外的各种曲线均是有速度变化的，代表着变速运动，如图 2-96 所示。

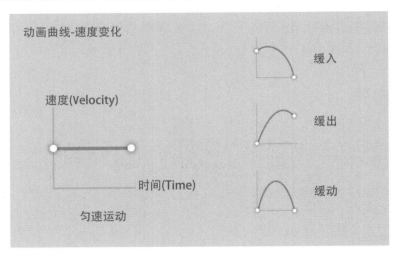

图 2-96　动画曲线中速度的变化

注： 前面主要是对运动原理、运动曲线和动画曲线的简单梳理。物理学中的力学分支出运动学和动力学等，对运动状态的模拟用到了数学函数曲线，即运动曲线。在动画技术中，将函数曲线用于控制物体运动的各种变化，这就是动画曲线。

◎ After Effects 图表编辑器中的曲线

如果你理解了动画曲线的概念，那么要理解图表编辑器就简单了。After Effects 图表编辑器中的曲线分为值曲线和速度曲线，前面提到的数值和速度的变化曲线分别对应的就是这两种曲线。通常需要调整位置变化的动画曲线默认是速度曲线，也可以切换不同的曲线类型。调整一个类型的曲线之后，另一个类型的曲线也会发生变化。在实际创作中，大家可以灵活选择合适的曲线类型。

◎ 动画曲线的运用

在实际创作中，我们经常会用到动画曲线中的回弹、惯性减速、启动加速等效果。将动画曲线运用在位置、缩放、旋转等属性变化上，能够让简单的形状有生动的变化。动画曲线主要有"缓入""缓出""缓动"3 种类型，可根据动画的运动情况运用多种组合。后面还会介绍一些 After Effects 自动化方面的内容，让大家可以更加快捷、方便地进行曲线调整。

◎ 缓动的定义

大家可能会发现，笔者在讲解视频里对"缓入""缓出"的概念表述与 After Effects 软件里的表述相反。这是因为在讲解过程中，曲线有数值化的输入速度和输出速度。因此把"缓入"和"输入"、"缓出"和"输出"等同了，相当于在单个运动状态中包含了"入（开始）"和"出（结束）"，造成了刚好相反的表述。

After Effects 中有"入场"和"出场"的概念，"缓入"为"由快到慢"，"缓出"则为"由慢到快"。After Effects 中完整的动画包含"入场""场内""出场"3 段。

由于 MG 中有大量的"场内"运动，因此把运动状态的开始和结束简化了。这里并不是希望大家不按照 After Effects 中原本的定义去理解这两种运动状态的变化，只是概念在特定领域具备适用性，大家应选择适合自己的理解方式。

2. 表达式

表达式可用于制作规律性动画，能避免耗费大量时间通过手动方式创建重复运动效果。从某种程度上讲，并不是说不用表达式就无法通过 After Effects 来创作 MG，只是使用表达式能够更高效地进行一些规律性的动画制作。表达式是基于 JavaScript 语言的，而 JavaScript 是一种高级编程语言，通过解释执行。我们不需要了解什么是 JavaScript，只需简单地理解为它在解释属性动画即可。

我们可以用表达式完成某个动画效果的一部分，甚至动画本身完全可以用表达式编写出来，而且在表达式中也可以继续添加关键帧。After Effects 中为大家提供了一些表达式的模板，大家只需要将参数名称替换为实际的数值，即可让表达式发挥作用。当然，一些简单的表达式也可以直接键入来完成编写。

除此之外，表达式还支持查看由表达式生成的动画曲线图表、关联器（也就是链接父子关系的功能）及表达式语言（可以直接添加的表达式模板），在最大程度上为没有程序语言基础的图像设计师们提供便利。

表达式还有很多应用方式，如使用关联器或者将表达式转换为关键帧，以便调整具体的动画效果。这部分内容的详细说明，大家可以查阅帮助文档及官方网站的相关页面进一步了解。

◎ 表达式和曲线

在为物体添加弹性表达式后，物体运动曲线的末端会出现弹簧一般的往复运动，非常流畅、自然。此时，单击"启用表达式"功能右侧的"后表达式图表"，会很容易地看到弹性表达式的动画曲线状态，如图2-97所示。也就是说，如果你参照这样的曲线给一个物体的运动调整动画曲线，理论上可以达到一样的效果。但从效率上来说，这样的做法并不可取。函数是数学方法，数学是严谨而准确的，数学方法和思路可以让设计产出变得可控，所以学会表达式能给动画制作带来很多便利。

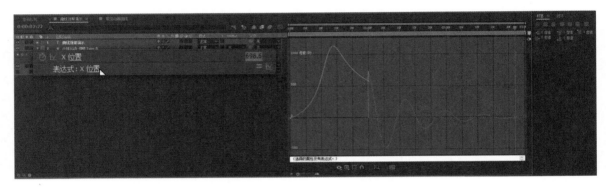

图 2-97　弹性表达式的动画曲线状态

◎ 表达式的运用范围

通过表达式可以让一些重复或者简单的操作高效地完成。例如，前面的案例中提到的循环表达式类型有很多，除了普通的重复播放的循环方式，还有从 0 开始加速到当前速度后一直播放下去的循环方式（即 Continue），以及往复运动的循环方式（即 Pingpong）。此类为提高效率的表达式，能避免重复劳动，可以理解为以辅助优化为目的的表达式。

有一些表达式是用于解决棘手问题的，如摆动表达式（Wiggle）。摆动是一种对随机运动的模拟，通过设置摆动幅度与频率参数实现摆动的效果，其表达式的写法非常简单，只需要填入两个数字即可。此表达式解决了很大的问题，在无表达式情况下制作循环播放的动画，需要在整个合成时长里不断添加位置移动的关键帧，并且需要不断调整运动曲线，非常耗时且效果通常不能令人满意。此类表达式在提高效率的同时也解决了常规情况下出现的问题，我们可以将其理解为作为功能来解决问题的表达式。

还有一些表达式能够做到二者兼顾，或者可以将多种表达式混合应用在一个方案里。制作此类方案需要一定的基础，并且要熟悉结合各种表达式的使用方法，这些都需要在逐步学习的过程中不断积累才能够掌握。

◎ 表达式的学习方法

这是一个不建议大家深挖的功能模块，学会常用的几种表达式的使用方法基本可以满足创作需要。笔者不推荐大家背表达式，因而并未在此小节中提供任何表达式的完整写法，希望大家把精力放在理解表达式及发挥其作用上。常用的表达式可以通过表达式语言模板添加，这样就不会遇到写法和语法错误的情况。

注: 将图表编辑器与表达式放在一起来讲，是因为它们具有关联性，很多表达式的作用是对运动进行优化，因此在表达式的功能里也可以查看曲线图表。创作 MG 所需的软件基础知识，至此已经讲完了，熟练运用这些知识可以创作出很多效果丰富的 MG 作品。

扫描二维码

查看讲解视频

2.3.6 After Effects 自动化

自动化是 After Effects 复杂且庞大的系统中非常重要的一个部分。前面提到表达式的作用是提高效率，合理运用自动化和表达式可提升作品的创作效率及质量。本小节将从提高创作效率与创意灵感的维度介绍这部分内容，主要涉及预设、效果、脚本和插件运用及相关的注意事项。

学习本小节内容的建议: 适度运用，够用即可。另外，笔者将在本小节的最后讲解使用自动化功能可能带来的一些隐患。

1. 动画预设与效果

动画预设是针对某些属性动画进行保存，并且快速将其添加到对象上的功能。可以通过给一个图层中的对象添加动画预设，让它快速地具备动画效果。After Effects 中自带了很多动画预设，有一些是效果和属性的组合，还有一些是通过表达式来控制动画的。执行"窗口 > 效果和预设"菜单命令，可调出"效果和预设"面板。其中动画预设被作为第 1 个列表呈现出来，面板中其他部分效果和菜单栏中的"效果"选项所展开的内容一致。也就是说，这两部分通过"效果和预设"面板被整合到了一起。

那么效果的概念是什么呢? 直观地理解，有一些词汇是我们比较熟悉的，如模糊、杂色和颗粒等，会比较容易联想到 Photoshop 中的滤镜。事实上滤镜和效果是有区别的，滤镜作用于静态图像，效果是可以进行动态调整的，如撤销、修改等。相比于直接对图像进行修改并添加不可逆的滤镜，效果的调整方式更为灵活。在帮助文档里效果被形容为小的软件模块，也叫作增效工具。

◎ 动画预设与效果的安装

关于动画预设的详细解释，大家可以查看帮助文档。有些更为方便的预设方案和效果是需要单独安装的，这就是第三方预设与增效工具文件。下面讲解如何安装这些需要自行添加的预设与效果。

动画预设的默认安装目录：

(Windows) ProgramFiles\Adobe\Adobe After Effects CC\Support Files\ Presets

(macOS) Applications/Adobe After Effects CC/Presets

打开 Presets 文件夹后可以看到分类文件夹，与我们浏览的预设文件夹对应，预设文件的后缀为 "*.ffx"，如 "幻影 .ffx"。

增效工具的默认安装目录：

(Windows) Program Files\Adobe\Adobe After Effects CC\Support Files\Required

(macOS) Applications/Adobe After Effects CC/Plug-ins

打开 Required 文件夹后可以看到后缀为 "*.aex" 的文件，这就是增效工具的文件格式。除此之外，还有 "*.pbk" "*.pbg" 等作为后缀的文件格式。下载第三方的增效工具文件时，通常会带有安装说明和使用教程，以便大家学习使用。

◎ 如何学习动画预设与效果

动画预设和效果通常会在制作案例的过程中用到。大多数情况下不会按照顺序逐个去认识并使用这些效果，这不利于记忆和掌握。建议大家不要局限于本书所讲的内容，要多去查阅这方面的教程和资源。虽然案例中也会讲到一些常用的效果，但这对于整个软件也只是冰山一角。大家需要把从本书中学到的思维方法运用到所见的其他案例与作品中，多参与专业领域的社群交流，这样才能提高制作水平。

2. 脚本与插件

脚本是一种可执行一系列操作的命令集合，简单来讲就是你把预定好的操作告知程序让它帮你完成。对 Photoshop 比较熟悉的读者可能接触过脚本的概念，通过编辑动作脚本，能够让 Photoshop 快速完成很多需要花费大量时间制作的效果，从而大大提高工作效率。

After Effects 的脚本使用 Adobe ExtendScript 语言，该语言是 JavaScript 的一种扩展形式。脚本通常有 "*.jsx" 或者 "*.jsxbin" 等作为后缀格式。除了 After Effects 自带的脚本，一些技术强大的第三方公司也开发了很多可用于 After Effects 的脚本，安装起来十分方便，并且提供了安装说明与使用教程。我们将其称为插件。

◎ 脚本的安装

脚本的安装方法并不复杂，把脚本文件复制到脚本所在的目录，然后在菜单栏的"窗口"选项中找到它，勾选即可开启使用。有些需要联网的脚本，要允许脚本写入文件和通过网络通信，执行"编辑 > 首选项 > 常规"菜单命令 (Windows) 或 "After Effects> 首选项 > 常规" (macOS)，然后选择"允许脚本写入文件和访问网络"选项。

脚本文件的默认安装目录：

(Windows) Program Files\Adobe\Adobe After Effects CC\Support Files\Scripts

(macOS) Applications/Adobe After Effects CC/Scripts/ScriptUI Panels

◎ 插件的安装

各种功能强大的第三方插件有的使用脚本安装方法进行安装，有的被打包为软件安装包的形式进行安装。发布插件的机构通常会提供安装说明与使用教程，帮助读者快速上手。

3. 制作 MG 的常用插件

在不同的领域，对 After Effects 插件的应用各不相同。这里针对 MG 创作向大家推荐一些非常实用的插件。

◎ Mograph Motion v2.0

Mograph Motion v2.0 被称为 MG 的高级脚本，有很多实用的功能，可用来调整动画曲线，快速实现缓动效果。它配有多组快捷动画效果方案，其中的一部分效果较为复杂，极大地改善了从零开始制作动画的效率问题。Mograph Motion v2.0 通过特殊的表达式控制来管理动画。

除此之外，支持中心点位置的移动也是此脚本大受欢迎的一个重要原因，能帮助我们节省大量的时间。

这些功能可以帮助我们获得更多的创作灵感，搭配核心创意使用会达到事半功倍的效果。

扫描二维码

查看讲解视频

◎ Duik

这个脚本主要用于创作骨骼动画。虽然在 After Effects 中有关联器与操控点工具，但如果你对骨骼动画有一定了解，就会发现一些专业制作骨骼动画的工具具备 After Effects 所无法比拟的优势。Duik 就是为了解决这样的问题而开发的。

当然，不只是绑定骨骼这么简单，人物的运动包含很多力学规律，需要通过函数表达式模拟。Duik中的反向动力学系统会通过简单的控制器快速实现想要的效果，并且根据骨骼绑定自动适应两足动物的四肢关节，让我们能够简单地完成骨骼创建与绑定操作。

扫描二维码

查看讲解视频

Duik 在动画制作方面的功能也很强大，动画控制器可以设置弹簧、延迟和反弹等效果，并且可以在同一个合成里复制动画效果及进行简单的修改和管理。

除了 Duik，骨骼类型的插件还有 AEscripts Joystick 'n Sliders、RubberHose 等。

◎ Element 3D

Element 3D，简称 E3D。After Effects 一直以来使用 3D 图形功能都只能进行属性添加，仅是后期意义上的编辑。但有了 Element 3D 之后，就可以在 After Effects 中打开一款 3D 软件，完整地进行模型创建、材质贴图、灯光调整等操作。

Element 3D 支持 Cinema 4D 的材质和贴图加载，界面美观、简洁。相比于专业 3D 工具复杂的界面，它更容易适应和操作。最重要的是，它可以让多种工作流程在一个工具中完成。

◎ Particular

Particular 是 Trapcode 插件的一个部分，主要用于创建粒子特效。在 MG 中经常会看到各种酷炫的粒子发射效果，通过这个插件就能够制作出令人惊艳的且接近自然现象的粒子视觉效果。

有了这个插件，我们甚至不需要专门学习 After Effects 自带的粒子效果就可以在案例制作过程中直接使用。

注: After Effects 的第三方插件不胜枚举，并且还有很多新的插件不断地被开发出来。以上仅针对常用的创作场景挑选了一些使用频率较高的脚本和插件进行介绍，而讲解视频也只是针对其中两三个插件的使用方法进行了演示。因为这部分内容较为丰富，待大家掌握了足够的基础技巧之后，再去慢慢地深入了解。

4. 学习 After Effects 自动化的注意事项

After Effects 自动化的扩展内容可谓无穷无尽，本小节所讲的只是预设、效果、脚本和插件。除此之外，内容模板也可以作为素材使用。我们通过自动化部分的学习，会有这样一种感受：这些方便的工具甚至取代了After Effects 本身的功能。那么为了创作，我们是否更应该学习好这个部分？

针对这个问题，不能一概而论。不可否认，自动化本身就是一个具备无限可能性的扩展模块，而第三方公司提供的 After Effects 脚本插件又在推动着行业的发展。一些顶尖的行业技术理论，通过插件的形式让更多的人感受到技术发展带来的全新体验。了解这些融合了技术和创意的软件工具，不仅可以开阔我们的视野，还可以帮助我们形成自己的认知，进而激发我们的创作灵感。

事实上，所有的扩展模块都是基于 After Effects 本身的基础功能所做的升级。除了一些特别强大的功能性插件，通过简单的脚本制作出来的效果基本都可以使用 After Effects 来完成。插件只是为了提高效率而被开发出来的，切不可把目标和方法颠倒过来，沉溺于对这些插件的使用。

创意本身是具有无限可能性的，我们需要让工具服务于创意，而非把注意力集中在工具上。优秀的 MG 作品依然需要在创意和制作上花费大量的精力和时间，希望大家能够深刻体会到创作的不易。

小结

本章至此仅是针对 After Effects 的部分基础操作进行了讲解，实际上还有很多细节没有提到。After Effects 的功能庞大且复杂，笔者建议初学者先学会最容易和最重要的一些功能，在此基础上通过发挥创意创作出一些简单的作品。学习是无止境的，凡事循序渐进才可长远。

在后面的章节中，笔者还会结合案例给大家讲解更多关于软件操作方面的技巧。此外，在下一小节中也会给大家介绍一些 After Effects 相关的扩展内容，帮助大家多了解一些软件知识。

2.3.7 After Effects 的相关扩展内容

经过前面的学习，或许你已经掌握了一些常用的 After Effects 功能和制作思路，能够根据这些知识完成简单的 MG 制作。而那些在之前案例中没有被提及的相关内容，并非不需要掌握。这里笔者将这些内容整理出来，以便大家查阅。

本小节主要是对一些工具的补充介绍和对同类型功能的简单对比等。通过前面案例的学习，在优先考虑学会操作的前提下，我们只对影响当前案例制作的工具进行了介绍，而对一些相关的内容并未展开来讲。下面笔者将对这些内容进行一次相对全面的介绍。

1. 形状图层

形状图层属性展开后，可以看到"内容"属性组。在使用形状工具绘制对象后，该对象的属性会被归入这个属性组，而在"内容"属性组右侧有一个"添加"按钮，单击后可以看到很多选项，如图 2-98 所示。这些选项可分为 3 组，其中的一部分选项为常用的功能，下面针对这些功能进行详细讲解。

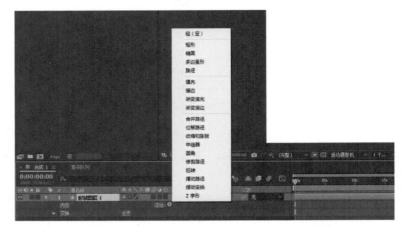

图 2-98　形状图层可添加的属性

◎ 组（空）

用于添加一个带有变换属性的图层组，相当于把在图层中创建的内容拖曳到这个组里，如形状、填充等。在一个形状图层中有非常多复杂内容的情况下，可以将其归入不同的分组进行管理，并且这些内容在属性方面是相互独立的，如图 2-99 所示。

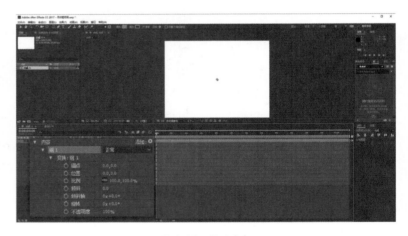

图 2-99　组（空）

◎ 形状路径

用于在图层中添加形状路径，支持拖曳到"组（空）"里。添加后不包含"填充"和"描边"属性，若需要这些属性可单独添加。区别于使用工具栏中的形状工具添加形状，这些选项自带"描边"和"填充"属性，如图 2-100 所示。

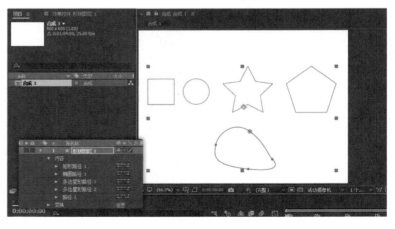

图 2-100　形状路径

◎ 填充

针对添加的形状内容增加"填充"属性，支持拖曳到"组（空）"里。在没有添加"组（空）"的前提下，该"填充"属性影响形状图层中位于其上方的所有形状对象，如图 2-101 所示。

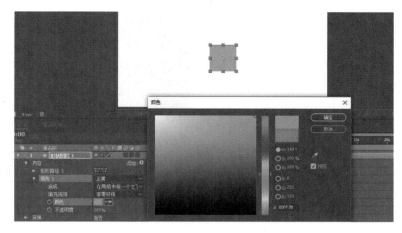

图 2-101　填充

◎ 描边

针对添加的形状内容增加"描边"属性，支持拖曳到"组（空）"里。在没有添加"组（空）"的前提下，该"描边"属性影响形状图层中位于其上方的所有形状对象，如图 2-102 所示。

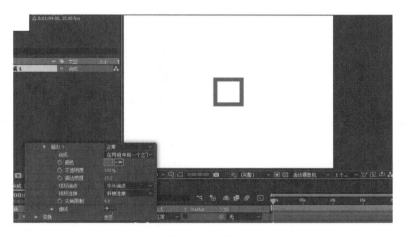

图 2-102　描边

◎ 渐变填充

针对添加的形状内容增加"渐变填充"属性，支持拖曳到"组（空）"里。在没有添加"组（空）"的前提下，该"渐变填充"属性影响形状图层中位于其上方的所有形状对象，如图 2-103 所示。

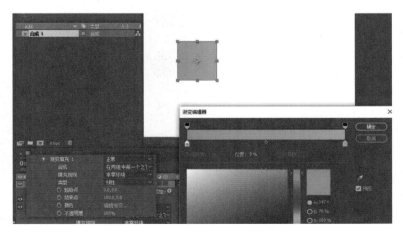

图 2-103　渐变填充

◎ 渐变描边

针对添加的形状内容增加"渐变描边"属性，支持拖曳到"组（空）"里。在没有添加"组（空）"的前提下，该"渐变描边"属性影响形状图层中位于其上方的所有形状对象，如图 2-104 所示。

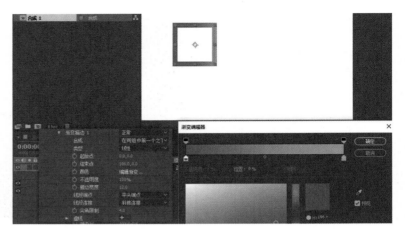

图 2-104　渐变描边

注: 所有的"描边"和"填充"属性都作用于位于它之上的所有形状对象，因此不要把它们拖曳到形状对象的上方，否则属性功能会失效。一次添加多个属性组（如多个"填充"），默认会显示位于顶部的属性组效果，属性组右侧有叠加模式，类似图层叠加模式，可以相互叠加。若把形状对象和各种属性组分别拖曳至"组（空）"里，那么这些属性将不再相互影响，而是会影响组内的形状对象。另外，组之间的影响可以通过改变叠加模式来调整。

◎ 合并路径

当形状图层中添加了多个形状对象时，可以使用"合并路径"，它会影响位于其上方的所有形状对象，相当于 Photoshop 中路径的"布尔运算"功能，或者 Illustrator 中的"路径查找器"功能。

如图 2-105 所示，可以通过"合并""相加""相减""相交"或"排除交集"等操作改变路径的加减关系。UI 设计师常用 Photoshop 和 Illustrator 上的类似功能绘制图标。

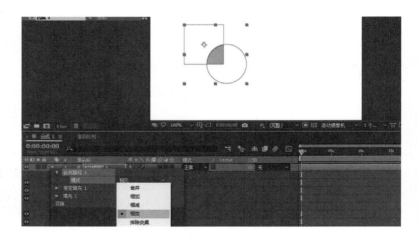

图 2-105　合并路径

◎ 位移路径

用于往外扩展或者向内收缩形状的轮廓，如绘制椭圆形、添加描边等，还可以用于制作圆环转场或环形水波效果。其他形状也可以这样设置，线段连接和尖角设置用于非曲线状态下的线条转折方式，如图 2-106 所示。

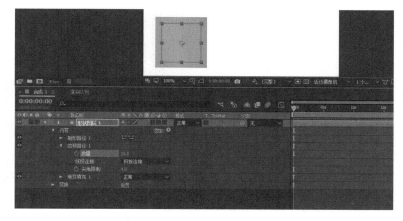

图 2-106　位移路径

◎ 收缩和膨胀

如字面意思，此效果用于给路径轮廓添加形变效果，支持拖曳到"组（空）"里。正值时为膨胀效果，负值时为收缩效果，如图 2-107 所示。不同形状对象使用"收缩或膨胀"属性会产生不同的效果。

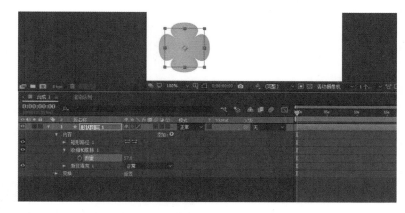

图 2-107　收缩和膨胀

◎ 中继器

中继器这个名称可能让人觉得比较难理解，英文版本中叫作 Repeater。这是一个跟复制有关系的功能，你可以在使用场景下将其直译为复制器，它的功能就是复制形状图层中位于它上方的所有对象和动画（所以不要把中继器拖曳到形状对象的上方）。中继器不会针对复制对象生成多个图层，因此在为形状对象添加中继器之后，添加的动画效果会被应用在所有的副本上。中继器主要由两个参数和一个"变换"属性组构成。

参数

● 副本：决定形状对象的复制数量。

● 偏移：决定所有形状对象（本体和副本）向左或者向右偏离的距离（负值向左、正值向右）。

"变换"属性组

● 锚点：此项一般情况下不做调整。

● 位置：此项会影响复制对象的间距。

● 比例：此项会把复制对象缩小或者放大。

● 旋转：此项会让复制对象的旋转速度发生改变。

● 起始点不透明度：被复制的对象越靠近本体，不透明度越低。

● 结束点不透明度：被复制的对象越远离本体，不透明度越低。

讲完中继器的参数，你可能
还是有点不清楚该怎么用。一般
可以用中继器来做放射状的图形，
如图 2-108 所示。首先，将形
状对象的"位置"属性中的 Y 轴
坐标进行一定量的平移，把"变
换：中继器"属性组中的"位置"
属性参数全部归零。其次，根据
副本数量，按照 360°均分，
在"旋转"属性中填入均分的数
值，如 8，那么"旋转"参数就
是 0x+45°，这样就完成了一个
放射状的图形效果的制作。

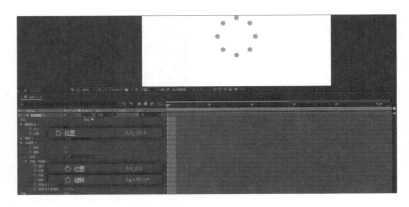

图 2-108　中继器

◎ 圆角

为矩形添加"圆角"属性，
可调整四角的圆度，如图 2-109
所示。这个属性主要用于为形状
对象添加"贝塞尔曲线路径"之后，
需要继续添加圆角的情况。

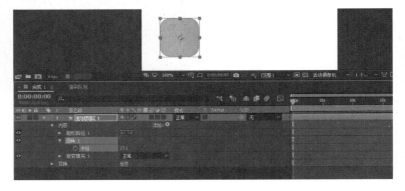

图 2-109　圆角

◎ 修剪路径

这是一个非常实用的属性，
在前面的案例中专门讲过。通过
调整"开始""结束""偏移"3
组参数，可以得到丰富、流畅的
曲线动画效果，如图 2-110 所示。

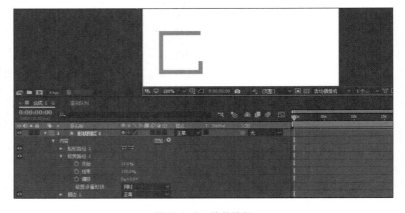

图 2-110　修剪路径

◎ 扭转

通过调整"角度"和"中心"两组参数，可以让形状对象扭动起来，适合制作一些转场效果，如图 2-111 所示。

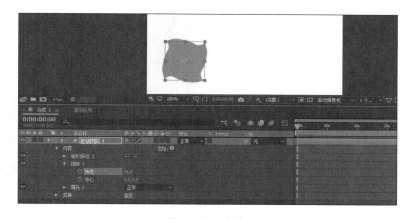

图 2-111　扭转

◎ 摆动路径

添加这个属性后，形状对象边缘会呈锯齿状，并且如波浪一样滚动，不需要专门记录关键帧也能一直运动，如图 2-112 所示。可以通过调整它的各项参数来完成不同的效果制作。

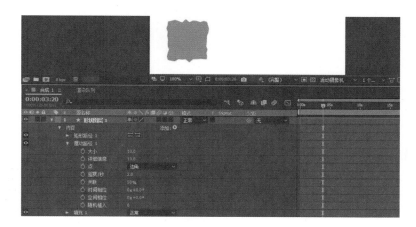

图 2-112　摆动路径

◎ 摆动变换

在"摆动变换"附带的"变换"属性组中调节其中一项的数值，便可使对象持续随机变换，且不需要添加关键帧，如图 2-113 所示。

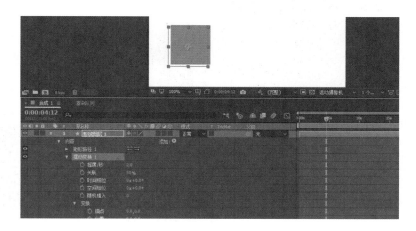

图 2-113　摆动变换

◎ Z字形

这个属性实际上就是给形状对象添加锯齿效果，可以调整锯齿的数量和平滑度等数值，获得不同的效果，如图2-114所示。

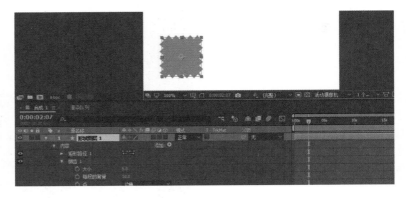

图2-114　Z字形

2. 关键帧

关键帧是对各种各样的图层属性的具体数值与状态进行记录的一个时间点标记。这个概念包含了两个方面的内容：一是关键帧是一个时间点标记，二是它在相应的时间点能对各种属性值与状态进行记录。

关键帧是时间点标记，关键帧之间作为过渡的部分称为关键帧插值。通过对关键帧的设置来决定关键帧的插值方法，是关键帧形成各种不同形状的原因，不同形状代表不同的插值类型，同时也决定动画过渡的不同状态。

关键帧插值有空间插值和临时插值两种。有一些属性存在空间插值，如"位置"属性，可以看到其运动轨迹是一条贝塞尔曲线，它控制的是运动路径。而临时插值控制的是动画曲线，可在图表编辑器中进行调整。

调整关键帧插值的方法是选中关键帧，单击鼠标右键选择"关键帧插值"选项，在打开的对话框中可以看到临时插值和空间插值的下拉列表，如图2-115所示。下面针对几种关键帧插值进行讲解。

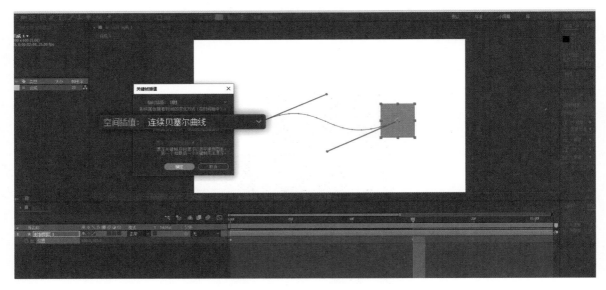

图2-115　关键帧空间插值

◎ 线性插值

线性插值在曲线上有直线和斜线两种表现形式，关键帧形状为默认的菱形，如图2-116所示。

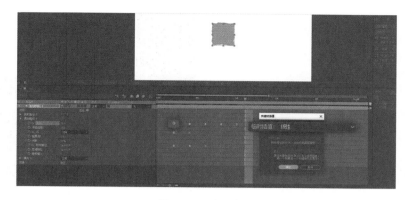

图2-116　线性插值

◎ 自动贝塞尔曲线插值

属性动画曲线两端均为贝塞尔曲线，关键帧形状为圆形，如图2-117所示。

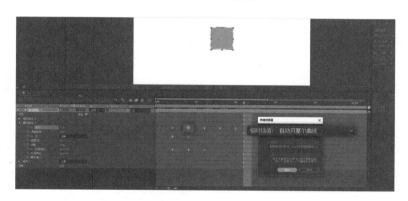

图2-117　自动贝塞尔曲线插值

◎ 连续贝塞尔曲线插值

属性动画曲线两端均为贝塞尔曲线，关键帧呈漏斗状，如图2-118所示。

图2-118　连续贝塞尔曲线插值

◎ 定格插值

属性动画曲线为直线，关键帧有方形、箭头＋方形和菱形＋方形3种形状，如图2-119所示。

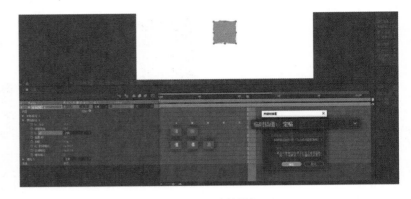

图 2-119　定格插值

从大的分类来看，关键帧插值只分为"线性""贝塞尔""定格"3种。而3种关键帧插值其实都可以调整出一样的运动曲线，所以均呈漏斗状。在具体使用中，读者可以根据实际需求自行选择。

除此之外，一些特殊的情况，如"缓入"和"缓出"，其中含有多状态的关键帧，可以直接使用"关键帧辅助"功能做出关键帧的形状，如图2-120所示。

图 2-120　关键帧当前设置

小结

本章内容较多，对 After Effects 软件的基础知识及学习方法进行了讲解。学习完本章内容，你或许已经可以独立完成很多 MG 动画效果的制作。不过当你在网上浏览关于 MG 的信息时，会发现依然有很多效果无法用已掌握的知识与技巧去完成。本章的目的是带你掌握 After Effects 中用于创作 MG 的各项主要功能，而至于创作 MG，在入门之后还有很多知识要学习。在后续章节中，笔者还会介绍更多的制作方法和技巧，从创作的角度来讲解创意思考的过程及 MG 的制作流程，并列举优秀作品分析总结创作思路和制作方法。除此之外，大家可以参考本书所介绍的学习方法和思维方法，去探索更多书本之外的内容。

第 3 章

理论、思维与创作

本章要带领大家正式进入 MG 的创作中。在此之前，要了解 MG 的创作流程是什么样，优秀的 MG 作品是如何结合创意与工具的，以及如何将一些新的知识与技巧综合应用起来。

本章由 3 部分构成，第 1 部分是临摹案例，从细致的分析到动手制作和注意事项，完整地讲解临摹学习的思路和过程；第 2 部分是与 MG 相关的必要的影视与动画知识讲解；第 3 部分则讲解完整的 MG 创作流程，是对前两部分内容的整合。

3.1 学习优秀的 MG 作品

优秀的 MG 作品遍布各领域，有各种风格和类型。读者若想在此阶段得到提升，就需要多看优秀的 MG 作品，了解它们是如何表达创意的。有一些 MG 作品是由资深动画师或者团队合作完成的，这类作品我们暂时以欣赏为主，不作为此阶段的研究重点。我们可以从个人设计师创作的作品入手，从中学习制作 MG 的经验。

3.1.1 学习方法

1. 观察作品

看到一个优秀作品时，需要把它完整地观看数次，留下一些自己的感受并将其转化为问题，这是第 1 阶段需要做的。观察、思考所看到的动画效果，整理出观看感受，并且通过自己理解的方式进行描述。之后根据这些感受和描述提出问题，如动画中的元素形态是如何转换的、色彩是如何变化的、转场效果是怎样的、动画节奏是怎样调节的等。

先看一个比较简单的案例，它是国外某个网站整理的 2016 年 MG 作品中的一段动画。

笔者从视频中截取了几张图，如图 3-1 所示。实际上，如果你看过 MG 视频，就不难发现这几张图仅是其中出现的几个固定图形，而真正充满观赏性的却是图形之间的交错呈现、动态变化及转场变化等。这也从侧面印证了 MG 的魅力是其他设计形式所无法比拟的。

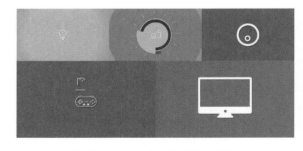

图 3-1 2016 年 MG 作品的截图

扫描二维码

查看案例效果

大家可以跟随书中的分析思路，尝试提炼出关键词来总结 MG 作品的整体视觉感受。这个 MG 主要表达的含义是时代发展，从电灯到纸张书写、摄影，最后到互联网和移动互联网。配有背景音乐且音乐节奏契合图形动态演绎的 MG 作品，很快就能吸引我们的注意力。笔者看到这个 MG 作品的感受就是欢快和流畅，随着动态效果的快速变化，图形不断地被意想不到的方式演绎成其他对象。

2. 分析作品，整理问题

大家可以尝试使用自己学会的方法来思考一下动画的制作过程，这对学习是非常有帮助的。分析过程产生的初步结论，并不一定会形成最终的制作方案，因此还需要进行一次整体分析，并提出一些问题，以便进入下一个阶段。

从整体来讲，这个 MG 作品的视觉风格以线条变化为主，转场部分多次使用各类圆环，路径动画使用较多，如路径修剪、路径运动等。除此之外是对蒙版动画的运用，这些制作方法贯穿了整个 MG 短片的制作过程。我们面临的第 1 个问题就是如何对整个短片进行拆分，以便临摹。

在制定方案前，我们可以对这个阶段的分析结果进行记录，记录的详细程度可根据自己的实际情况来调整。回顾前面所讲的制作流程，我们先来准备静态资源。

3. 制定动画方案

有了观察和思考，结合所学的知识设计出动画方案，便可以开始尝试制作了。动画方案的设计不同于之前的分析，需要把实际制作的内容具体分配好，并预留一些能想到的问题及应对的手段。从观察、思考到方案设计，这个过程相对烦琐，目的是让大家形成先思考再动手的习惯。

AE 的基本工作流程是导入素材、组织素材、制作动画和调整效果。而制定动画方案时，对软件的使用只是其中的一个环节，更重要的是设计思路和创意。

◎ 场景拆分

根据分析，可以把场景划分为灯泡、文件、点赞手势、摄像机、照片、游戏手柄、计算机和移动设备这几个部分。这些场景可以直接在 AE 中完成，也可以使用 AI 等软件绘制完成后再导入 AE 中。

◎ 动画制作

把单个的场景动画分别制作出来，并使用预合成把它们组合起来，进而根据前后关系逐步补充转场内容。这个过程是最为灵活的，可以使用不同的制作方法。前面有些案例使用的是顺序制作的方法，即一边制作一边调整，有些使用的是先制作核心动效再逐步展开的方法。而闪光水母的案例则是先制作单体效果，再制作运动效果。

综上所述，可以根据不同情况来制定动画方案。大家在学习这部分内容时，可以反复观看案例讲解视频，体会其制作思路。

※ 灯泡

灯泡的动画效果非常简单，并且转场之间没有过多的穿插，彼此是独立的。因此，这部分可以使用顺序制作的方法。

※ 文件

文件隐藏在转场里，入场后的动画也较简单。所以我们要考虑转场衔接，先制作入场和出场，再制作入场后本体的动画。

※ 点赞手势

点赞手势的效果非常简单，比较复杂的是围绕在它周围的各种圆形动画，并且增加了一个放射状的效果。可以先制作其中一个圆形，复制后再分别改变背景颜色，这里需要使用蒙版。根据实际情况，可以把一部分内容采用预合成的方式打包，以减少图层数量。退场时再次改变背景颜色，可以新增蒙版，并且在退场前进行截断。对于复杂多变的内容，需要耐心地反复调节。完成了圆形转场之后，可增加放射状的线条效果，比较常用的工具是中继器，或者使用Mograph Motion v2.0 插件的"Burst"效果。

※ 摄像机

摄像机部分由入场遮罩、本体动画和转场组成，同样可以参考点赞部分的方案制作动画。摄像机入场遮罩动画比较简单，入场过程中的跳动效果可以直接缩放变换。转场的圆形部分相对复杂，但只要明白制作方法就不难。蒙版之间可以调节加减关系，通过蒙版的运动让圆形效果偏离中心。这种动画效果并不一定需要制作得与原片完全一致，更多时候是一种氛围的表达。在实际观看作品的过程中，几乎无法注意到那么复杂和快速的变化。

摄像机离场时，颜色会发生改变。这部分的制作，可以使用轨道遮罩和关联器的父级关系绑定来实现。需要注意的是，从摄像机到照片的转场衔接非常紧密，这里通过改变背景颜色来区分转场，背景颜色改变后进入下一个部分。

※ 照片

照片属于这个 MG 短片中比较复杂的一部分，入场后衔接上一个部分，并且转场使用了遮罩或蒙版，甚至连放射状线条也使用了蒙版。对于入场和转场，我们可以参考摄像机动画的相关讲解来制作。

照片图标的入场动画可能是用了蒙版或者修剪路径，具体可以根据制作效果和原片还原度来判断。抖动动画可以使用效果表达式或插件来制作，照片切换后的离场可以使用修剪路径来完成。

※ 游戏手柄

游戏手柄的背景特效很少，只有离场时会涉及，和前后物体的关联度相对低一些，因此这个部分可以采用顺序制作的方法。游戏手柄使用圆角矩形作轮廓，按钮和方向摇杆有单独的动画。离场的部分，方向键使用描边和修剪路径来制作，最终通过对轮廓部分缩小宽度和增加描边宽度完成离场动画。离场衔接用到了圆形转场，大家对这个应该已经很熟悉了，在此不再详述。

※ 计算机

计算机显示器可以通过创建形状图层来制作，入场用到了蒙版，制作简单的运动效果之后缩小退场。

※ 移动设备

移动设备的转换主要是旋转和切换，圆形转场可以参考摄像机的动画效果。

◎ 工程文件

请按照本书提示下载附赠的工程文件，可以在文件中查看具体的设置和参数。

大家也可以在源文件中继续新建合成，对照完成版进行练习，参考下列步骤与提示完成这个案例。

◎ 制作过程中的关键内容

根据动画方案，这里把制作过程中比较关键的内容整理出来。因为在实际制作的过程中，通常会遇到一些预料不到的问题，而如何解决这些问题就是我们进阶与提升的关键所在。

※ 静态文件的制作和导入处理

这里推荐大家使用 Illustrator 来绘制案例中用到的图标素材。本案例制作的图标素材包括灯泡、点赞手势、摄像机、两张照片和游戏手柄，如图 3-2 所示。在 Illustrator 中绘制素材时，需要对轮廓进行扩展，这样才能在缩放的过程中使形状描边等比例变化。需要注意的是，即便如此，根据动画制作的需要，一些素材文件也要在 After Effects 中进行整体重绘或者部分重绘。

图 3-2　图标素材

将素材绘制完成后，可以直接拖入 After Effects 的"项目"面板中，再拖入"时间轴"面板中，此时的文件无法进行任何操作。要执行"图层 > 从矢量图层创建形状"菜单命令，把绘制的素材转换为形状图层，然后把素材图层删除，仅保留在"项目"面板中，以便继续调用。

工程文件的素材文件夹里提供了绘制好的素材文件，大家可以直接使用。根据需要，在创建好形状图层后，需要展开各个组来拆分不同图形的组件。当然，你也可以自己使用 Illustrator 重新绘制一次。

※ 在一个图层中处理多个同类型动画

案例中有很多重复图形需要微调，如果都进行图层区分，会非常繁杂。这里推荐大家以组的方式来管理形状图层。在第 1 个场景中，灯泡的灯座部分分别消失，可以在一个图层中通过控制不同的部分分别制作消失的动画。

在形状图层的"内容"属性组中，添加多个"组（空）"，并分别为它们命名，把这些分散的路径分别拖入各组中，并为它们添加"填充"属性，可以在已有的"填充"属性位置按快捷键 Ctrl+D（Windows）或 Command+D（macOS）复制多次，并拖入对应的组中，如图 3-3 所示。这样可以运用每个组自带的"变换"属性来控制消失动画。

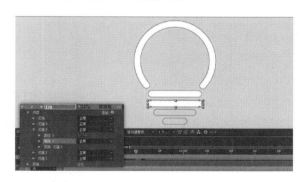

图 3-3　调整素材结构

同样，在处理多层圆环效果并添加修剪路径的过程中，也可以使用复制的方法在一个图层中完成这些效果。

对于动画，可以先处理相同类型的状态。例如，连续圆环中的"开始"和"结束"两组参数，通过记录关

键帧设置"开始"为 20%~0%、"结束"为 80%~100%，然后在不记录关键帧的情况下，通过调整每个圆环的"偏移"数值达到在不同方向上开始动画的效果，这里需要注意排列圆环的间距和描边粗细。然后由里到外拖曳每个圆环的关键帧，使其出现前后关系，再调节曲线，如图3-4所示。

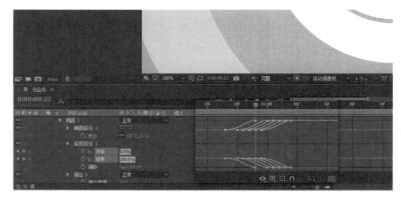

图 3-4 同类型动画的曲线调整

对于灯泡的光芒效果，可以使用 Mograph Motion v2.0 插件的"Burst"效果快速生成。案例中还为生成后的效果添加了"径向模糊"特效，具体参数设置请查看工程文件。

图形文件由圆形转换为矩形，使用了"旋转扭曲"和"凸出"两个效果，写入文件的动画则使用了工具创建蒙版。蒙版动画的制作方法：对路径记录关键帧，框选右侧两个顶点，同时按住 Shift 键并拖曳鼠标。离场的反向动画制作方法：先复制入场动画图层，然后执行"图层 > 时间 > 时间反向图层"菜单命令 [快捷键是 Ctrl+Alt+R（Windows）或 Command+Option+R（macOS）]。

※ 复杂动画的调整技巧

临摹复杂的转场时，需要先把所有静态内容都安排到画面中，再根据它们的前后关系进行单独调整，最后检查一下所有内容之间的节奏关系是否一致，如图 3-5 所示。

图 3-5 复杂动画的调整

在摄像机这部分的制作中，各种圆环转场的效果相对复杂。在不同图层中，分别使用了轨道遮罩和工具创建蒙版的方式。下面是使用蒙版的一些技巧。

通过形状创建蒙版：选中形状图层后，直接单击鼠标右键，选择"蒙版 > 新建蒙版"命令 [快捷键是 Ctrl+Shift+N（Windows）或 Command+Shift+N（macOS）]。快捷键需要在选中形状后使用才能成功创建蒙版。

移动和改变蒙版形状：展开"蒙版"，可以看到"蒙版路径"属性（注意，这个属性没有参数）。单击"形状"按钮，会弹出"蒙版形状"对话框，在"形状"选项组中将蒙版由"矩形"重置为"椭圆"，如图 3-6 所示。

图 3-6 改变蒙版形状

一般情况下，可以按键盘上的方向键移动蒙版并完成运动动画，也可以单独框选蒙版形状的顶点并进行拖曳来制作路径动画。它们都是通过"蒙版路径"属性来记录变化的。如果要复制"蒙版路径"的参数，则可以在选中这个参数后使用快捷键进行复制，将复制的参数粘贴到目标蒙版中（需选中目标图层）。

注： 制作这种复杂的转场效果时，只需让画面在视觉上更丰富，减少单调性。临摹的过程中不必追求百分百还原，但也不可差距太大。

前面分析的每一个场景，制作完成后可通过预合成打包到总合成中。这样就能保证不同场景中的元素不会混在一起，并且集中在一个合成中也便于后期管理。

※ 静态素材的绘制

在该案例中，一部分素材由于导入后成为贝塞尔曲线路径，丢失了可用于制作动画的部分必要属性（可以在用 Illustrator 绘制图形时不使用复合路径和扩展，但通常也无法保留形状图层的一些参数，如大小、圆度等），因此需要重新绘制这部分图形，如图 3-7 所示。

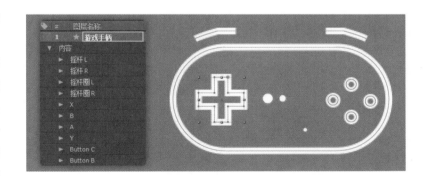

图 3-7 静态素材的绘制

需要注意的是，在一个形状图层中可以建立很多组来管理不同图形，并可单独为其制作动画。例如，在"Part5- 照片"和"Part6- 游戏手柄"这两个合成中，主体图形需要添加"修剪路径"完成"走线"的入场动画和出场动画，根据动画效果来拆分和重建各个部分。单个图层中的组件内容有很多，调整动画的时候比较考验人的耐心，这是实际制作中需要注意的问题。请相信自己，在你完成一个完整的作品之后，你对相关的软件功能和操作技巧的理解会提升很多。

※ 拆分图层的技巧

在制作构成复杂的内容时，如不能统一控制则会效率低下，并且有的属性不一定支持全局改动（如跨越图层的情况），这就需要对图层进行拆分或者预合成。这里简单讲解如何判断是使用图层拆分还是使用图层预合成。

拆分图层这个思路在制作"游戏手柄"和"计算机"两个部分时使用得比较多。显示器使用轨道遮罩，而整个计算机的入场则使用图层内的工具创建蒙版，接下来又出现显示器下缘入场和拼接起来的内容，如图 3-8 所示。

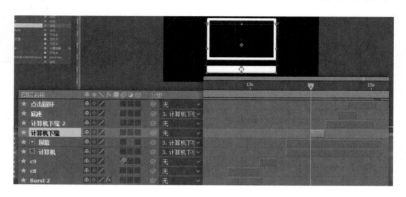

图 3-8　拆分图层

由于显示器下缘的运动带动了整体运动，所以需要使用图层关联器生成父子关系，让所有元素都跟随拼接后的下缘运动。

注意，这里所讲的拼接后的下缘，就是"计算机下缘"图层，从拼接到一起的关键帧位置把图层拆分开，然后将显示器和其他组件关联到新拆分出来的"计算机下缘 2"图层。这样做可以同时满足拼接后增加底座（底座的关联器也绑定到"计算机下缘 2"图层）的计算机整体运动，以及计算机出场时的整体缩放动画效果（关联器可以使子级跟随父级做基本属性的变化）。

◎ 总结

相比于第 2 章，本章开始出现比较复杂的案例，从观察、思考到实际制作的难度都加大了。在这个阶段，希望大家能多看书中的案例，多思考分析，这些内容是进阶与提升的关键。无论多少视频教程，都囊括不了所有作品，而我们每天浏览各种设计类网站时都可能会找到吸引自己的 MG 作品，此时观察和思考便是最重要的过程。希望大家能更多地进行这样的练习。

当然，进阶不只是针对工具的使用和制作技术，更多的是从学习创意转换到方案成形的过程。下一小节将会为大家介绍优秀的 MG 作品吸引人的一些关键因素。

3.1.2 优秀的 MG 作品应具备的要素

在上一小节中，从观察到临摹 MG 作品，我们学习了一些新的知识。进阶是一个需要时间积累的过程，在每一次案例学习中我们或多或少都会有所进步。对于优秀的 MG 作品，不能只停留在临摹上，而是要将其中的创作思路与制作技巧应用到自己创作的 MG 作品中。

这些让我们觉得优秀的 MG 作品，到底具备什么样的要素？应该怎么做才能让自己的作品也变得充满创意、流畅又精彩？下面将对此进行具体讲解。

视频素材（扫描二维码，查看 MG 作品）

① ② ③ ④ ⑤

① *Designed by Apple in California 2013*

② *Chrome browser*

③ *Google Project Fi*

④ *Motion Graphics Portfolio / Alfred M*

⑤ *Motion Graphics_ Infographics-UPS*

注：案例版权归属视频原作者，在此仅作学习参考之用。

---

1. 核心创意

使用不同的手法和形式表达出的主题思想就是核心创意。核心创意这个词单独理解起来比较抽象，但落到表现形式上则会具体一些。例如，运用点和线是一种表现手法，基于这种表现手法来设计整个作品，就是核心创意。*Designed by Apple in California 2013* 中频繁使用了点和线的各种构成方式，并且对抽象的点与线通过动态图形和音效表现现实状态下各种材质的运动和变化情况，如图 3-9 所示。当然，配合音效可以更好地表达核心创意。

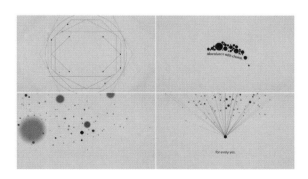

图 3-9　点与线构成的核心创意作品

优秀的 MG 作品所具备的最重要的一点就是对核心创意的把握。而核心创意的来源是多方面的，可以来源于品牌的风格或者设计师个人的风格，也可以来源于产品的营销需求或者行业的流行趋势。需要注意的是，核心创意与设计风格之间虽存在联系，但并不是完全等同的。

说到风格与核心创意，可以与谷歌的设计风格进行对比。前面介绍过谷歌的插画设计风格是配色清新、卡通感强烈，让人感到轻松愉快。

图 3-10 所示就是谷歌一直以来带给我们的视觉印象。谷歌在不同的 MG 作品中，设计风格只有一种，或许是卡通的，或许是色彩构成形式的，但是不同产品或广告之间的创意风格又相差很大。

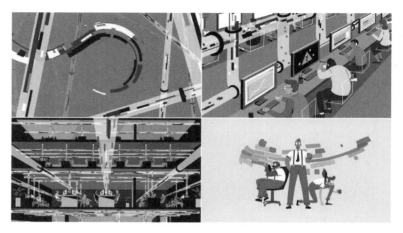

图 3-10　谷歌的设计风格

如图 3-11 所示，这个谷歌的 MG 广告运用了与苹果广告一样的点、线元素，却保留了配色方面的品牌风格，这个特征让它明显区别于苹果的黑白色调。这组截图，比较简单地展示了设计风格和核心创意之间的区别。核心创意可以任意使用，属于表现手法，但并不等同于设计风格，设计风格是品牌长期积累下来的一些辨识度较高的特征。

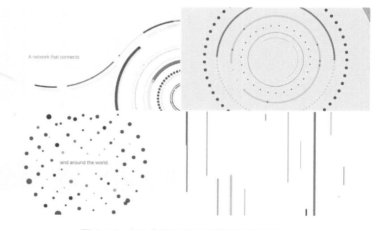

图 3-11　核心创意与设计风格之间的区别

优秀的 MG 作品具备非常高水准的核心创意，这不是短期内能够达到的。在学习的过程中，我们需要感受和体验不同的创意和表现手法并进行总结，形成自己的认识。

2. 静态设计

MG 起源于平面设计，最早的 MG 用于电影片头。在表现手法上，MG 多为抽象图形的规律运动，这些特征均可以归入平面构成的理论。那么如何快速辨别优秀 MG 作品中的静态设计？其实很简单，本书中所展示的 MG 作品截图都是静态设计，如图 3-12 所示。

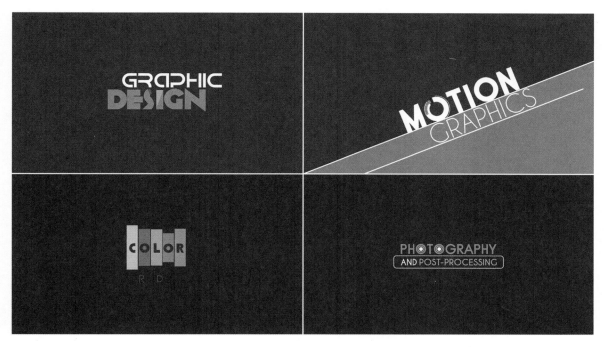

图 3-12 MG 作品中的静态设计

　　要研究动态设计，应从静态设计入手。在一个连贯的 MG 作品中，每一个小的 MG 片段都是由不同的元素与角色构成的。从平面设计的角度来讲，构图方式决定了后续进行动态演绎的精彩程度。可以说，优秀的 MG 作品都是从静态设计开始的。

　　关于平面视觉的构图方法，很多书提供了非常详细和专业的讲解，并且给出了大量切实有效的实践方法。这里为大家提供几个比较实用的构图技巧，希望能对大家有所帮助。

◎ 讲究主次形状的轮廓

　　分割图形时，要对主体轮廓和背景轮廓进行区分。这是辨识静态设计最重要的一个环节，即用轮廓来定义主体的造型。例如，图 3-13 中使用了叠加线条的轮廓、螺旋形线条和周围的直线划分主次，它在画面中心与周围的直线共同构成主体，并与背景区分开来。

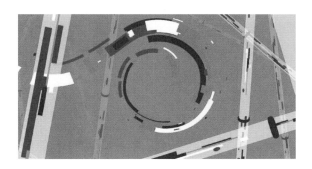

图 3-13　静态设计——轮廓

◎ 对比关系

　　如图 3-14 所示，对比关系就是构图中的矛盾关系，如大小不同、颜色不同、形状不同，或者其他属性不同。考虑到动态设计，MG 作品中的对比关系还包含快与慢等属性。矛盾关系通过对比突出主体，因此如何安排矛盾关系就显得非常重要。而动态设计的精髓之一，就是设计这些矛盾关系的变化。例如，形状转换的动画利用了从旧矛盾变化到新矛盾的方法，吸引我们持续观看下去，从而产生目不暇接的感觉。

图 3-14　静态设计——对比关系

在静态设计阶段，我们需要考虑的是如何构建这些矛盾关系，而无须考虑如何演绎动态转换。静态设计往往需要花费很多时间去思考和尝试，如果能够设计出优秀的对比关系，便能为后续的动画制作带来非常多的灵感与可能性。优秀的 MG 作品非常注重静态设计，往往以众多优秀的静态场景片段为基础，经过巧妙流畅的转场演绎，让自身变得更精彩。

◎ 空间关系

空间关系是物体在空间中形成的前后关系。空间关系运用得当，可以最大限度地突出主体，从而吸引观者。空间关系和其他制作技巧是搭配使用的，需要综合考虑。一般情况下，空间关系主要是靠物体相互遮挡及运用摄像机镜头来体现的。

图 3-15 中运用叶片和丛林、建筑和山脉等元素遮挡了舞台中心。这种空间关系的运用在静态设计中很常见。作品中的动态设计是通过逐步让每一层元素离场，放大中间元素的方式来表现纵向进深运动的状态，将"穿过丛林，来到城市"的情节演绎出来。同类型的设计还有时差滚动等形式，这些都是在静态设计阶段就要构思好的内容。

图 3-15　静态设计——空间关系

如图 3-16 所示，空间关系的第 2 种形式就是运用摄像机镜头。有些 MG 作品运用镜头的虚实关系来交代空间位置，主要通过改变 After Effects 中摄像机焦距和光圈等参数来表现空间关系。这种形式采用现实手段去表达虚拟空间，提高了观者的现实体验。

图 3-16　静态设计——镜头虚实关系

空间关系需要在制作动画的时候实现，但其表现手法是在前期就设计好的，后续根据需要再来调整，通常会配合焦点移动来转移主体，进而完成转场动画。在讲解摄像机案例的时候，我们也提到过通过移动焦点的方式完成场景转换。这种做法在很多 MG 作品中都可以见到，是一个很重要的制作技巧。

需要注意的是，静态设计中还有一个构图技巧是引导视觉走向。我们在网页海报或广告图中经常能看到这种形式，之所以没有将其归入静态设计中，是因为它在动态图形设计中只用于动态演绎，这个技巧会在后面进行讲解。

3. 色彩搭配

色彩搭配同样是 MG 创作的核心要素之一，不过优秀的色彩搭配并不容易掌握。色彩在设计领域是一门专业知识，每年发布的设计流行色是由各行业（如化妆品、室内设计、产品设计、服装设计等行业）的权威人士通过讨论的方式提出的。

优秀的 MG 作品在配色上非常讲究，一些动画短片类的 MG 会有专门的色彩指定流程；产品介绍类的 MG 主色就是产品色，并搭配一些辅助色来完成设计；还有一些其他的 MG 中的配色，以每年的流行色作为色彩搭配的方向和参考。

关于流行色，我们可以通过各种设计网站、博客或是微信公众号等来搜索相关信息，但这只是提高审美和掌握流行趋势的方法之一。关于配色方面的知识，我们可以通过学习色彩理论或摄影知识，以及研究优秀作品的配色等方法来掌握。如图 3-17 所示，其色彩搭配就比较优秀。

图 3-17　静态设计——色彩搭配

◎ 短篇动画类的色彩搭配

短篇动画可以借鉴实体场景的颜色，如摄影作品或电影中的配色，也可以去搜索相关设计甚至同类型的作品集作为配色参考。有了大的方向之后，再通过自己的学习积累及制作经验等决定最终的配色方案。

◎ 产品宣传类的色彩搭配

如果要做某产品的 MG 宣传片，需要先去了解这个产品的视觉配色方案，以及产品在各种场景下的色彩表现。简而言之，就是需要先去观察，然后再根据宣传需求和主题创意选择配色方案。大部分情况下，我们可以围绕产品本身的视觉配色方案指定一些辅助色来完成 MG 的配色，这些主要用于静态设计部分。

◎ After Effects 的配色插件

After Effects 中自带一个配色插件，即 Adobe Color Themes。执行"窗口 > 扩展 >Adobe Color Themes"菜单命令即可调出该插件，如图 3-18 所示。这个插件打开得比较慢，需要耐心一些。这个插件里的配色方案可作为参考，也可在此基础上进行配色。总体而言，它使用比较方便，不需要额外安装其他工具或插件，并且它的内容也在不断更新。

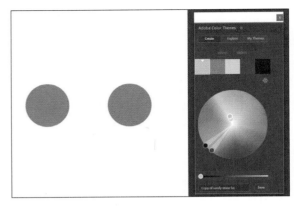

图 3-18　After Effects 中的配色插件

4. 动态演绎

进行静态设计时会提前考虑一些关于动态设计的内容，在这个部分会把静态页面通过动画串连起来，这也是 MG 最核心的部分。MG 作品是由多个方面的设计拼接组合而成的，简单的组合并不能制作出优秀的 MG 作品，动态演绎所要做的就是调整这些组合，让它们成为新的整体。这就是动态演绎作为 MG 核心要素的重要意义。

动态演绎就是动画设计，这个部分有很多知识、技巧与方法。我们可以简单地将其归纳为两个要点，即视觉引导性融合和情节叙事准确连贯。

视觉引导性融合与静态设计的 3 个构图技巧存在关联性。静态设计中的图形轮廓、矛盾对比和空间关系最终都要服务于视觉引导，通过动态设计将观者的视觉焦点引导至创作者的设计方向上。

图 3-19 所示是 *Google Project Fi* 的 MG 广告，采用了用点引导线条的方式来做动态演绎。圆点的行动轨迹形成线条，与其他画面元素的运动速度和形态对比让这个主体能够"脱颖而出"，从而很容易将观者的视线引导到新的场景中。在不同场景中，这个点线形式的主体时而作为线索串连前后场景，时而作为主要角色起到引导视觉的作用。因此，当我们在这样的 MG 中加入产品文案时，就会很容易传达产品的理念，让观者在记住这种视觉感受的同时也能记住产品。

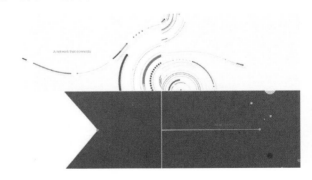

图 3-19　*Google Project Fi* 的 MG 广告截图

动态演绎的第 2 个要点是情节叙事准确连贯。这一点主要用于有故事情节的 MG 作品，对 MG 如同传统动画一样进行情节安排，但一般无角色对白，多由旁白叙事。在这类 MG 的动画设计上，我们需要参考传统动画的一些制作手法，正确地使用镜头语言，让画面和故事内容连贯起来。

如图 3-20 所示，美国一家快递公司的 MG 广告运用旁白叙事的方式来介绍产品和业务。看过之后，你会发现它巧妙地运用了很多 MG 形式的快速转场，即融入了连贯性情节的动画设计。这种动态演绎的方式有以下几点特征。

图 3-20　美国一家快递公司的 MG 广告

◎ 舞台角色的出现是可以从无到有的

如图 3-21 所示，片头的礼物动画使用了 MG 的图形转变的方式，符合从静态设计到动态演绎的 MG 处理方法。

图 3-21　动态演绎——舞台角色从无到有

◎ 角色作为线索串连场景

角色可以是拟人的或是有情绪表达的，但作为线索的作用与抽象化的 MG 是一致的，即用于串连场景，如图 3-22 所示。

图 3-22　动态演绎——角色作为线索串连场景

◎ 场景转换即造型变化与重组

如图 3-23 所示，用抽象的方式演绎具象的物件，不需要使用太多的镜头语言来表现传统意义上的时间和空间的变化。在 MG 中，这一切都可以即刻转变。

图 3-23　动态演绎——场景转换

MG 的动态演绎无论是抽象的还是相对具象的，都离不开所要表达的主题与思想。优秀的 MG 设计者在这个方面往往具备非常强的把控能力。我们在参考和学习的过程中，不仅要知道动态设计是如何演绎的，还要知道如此制作表达了怎样的想法、是否能为我所用。

5. 视听语言

视听语言包含图像和声音，通过剪辑等手段刺激观众的感官，从而传达信息与感情。简而言之，我们在 MG 中感受到图像与声音的节奏感，享受感官刺激的过程，就是运用了视听语言的结果。笔者之所以把视听语言放在最后来讲，并不是因为它不重要，恰恰相反，它属于一个较难掌握且重要的部分。另外，MG 中大部分个人作品是无声作品，即视听语言的运用在 MG 中并非必要项，但我们依然有必要去了解它，并且懂得欣赏其优秀之处。

视听语言随着人们欣赏习惯的改变而发展。从这个角度来看，视听语言是随着时代的发展而发展的，与流行色的变化有类似之处。视听语言属于影视理论范畴，要深入了解需进行相关知识的学习，笔者会在后续章节为大家介绍一些必要的入门知识。

我们在欣赏这些带有音乐和音效的 MG 作品时，要尽可能地去感受音乐的节奏是如何与画面结合的。这是一种需要长期靠感性驱动来提高审美和判断力的能力。一些基本的动画规律也可以在观看过程中总结出来，如节奏舒缓的音乐与节奏强烈的音乐所搭配的动态效果是不同的，以及动态图形如何在音乐节奏点上进行规律性的变化和衔接等。

关于视听语言，提高审美和学会制作技巧同样重要。所以，你需要更多地去欣赏优秀的 MG 作品，逐渐总结出自己的认知感受。同时你也需要研究表现技巧，把自己的认知感受表达出来。

小结

欣赏 MG 作品时，除了要知道如何实现动画效果，还要知道其优秀的地方在哪。本节向大家介绍了优秀的 MG 作品所具备的几大要素，其中的每一项要素都在很大程度上影响着整个作品的综合表现力。而最终决定创作效果的往往都是这些看不见的能力。

核心创意：每个作品都需要有一个核心创意，它决定了 MG 作品创作的整体方向和视觉表现效果。我们可以在训练的过程中借鉴优秀的创意，但一定不要在实际工作中抄袭。

静态设计：除了前面提到的构图方法，还要从一些平面静态视觉作品中学习关于静态设计的知识。这些都需要通过大量实践才能掌握。

色彩搭配：色彩知识能够在很大程度上帮助你提升设计能力。在 MG 的创作中，你要更多地参考和学习已有的色彩搭配方案，多关注流行趋势，耐心地调整 MG 作品的色彩。

动态演绎：学习动态图形设计，相对来说更需要模仿和思考，可以结合前面提到的抽象的视觉引导方式及情节安排的方法。

视听语言：视听语言的概念源自影视领域，广泛地存在于各类动态视觉设计中。我们要学会将不同领域的实践经验运用到 MG 的创作中，从而提升作品的整体氛围感。

以上总结的一些技能，并非我们一时能够学会并做到的，但是可以给我们提供一个努力的方向。在进阶学习的过程中，要多通过模仿和思考来提升自己的能力。本书给大家提供技巧和思考方向主要是希望能帮助大家走上一条相对容易的道路，剩下的还需各位继续努力。

如何把简单的动画做得更出彩

上一节提到"动态演绎""视听语言"等概念，均是影视和动画领域的概念。而 MG 的发展决定了我们不能以单纯视角来看待 MG，因此学习 MG 需要补充一些常用的影视和动画理论知识。

3.2.1 影视与动画理论

影视和动画的表现手法主要是基于视听语言，表达工具是摄像机镜头。它们的区别在于影视中使用真正的摄像机，而动画使用摄像机的手法来控制画面中的角色与场景运动。摄像机的移动手法及构图方法构成了视听语言中的画面部分。

1. 镜头

镜头是影片最基本的单位，影片和动画中均有镜头的概念。一个镜头包含故事情节的一部分内容，镜头的剪辑融合形成最终的影片。无论是拍摄影视作品，还是制作动画作品，都需要一个这样的流程：剧本—分镜头—拍摄。关于创作流程，笔者在后面会详细介绍，这里只针对镜头的基础知识进行讲解。

◎ 景别

景别是摄像机与拍摄对象间距离不同所构成的不同画面，如图 3-24 所示。不同的景别能传达不同的感情，常见的景别有以下 5 种。

图 3-24　景别

※ 大全景

大全景是指远距离拍摄的整个空间环境，人物很小，背景为主要的拍摄对象。大全景常用于表现气势宏大的场面。

※ 全景

全景能展现人物全貌和周围空间环境，与大全景最大的区别在于有明确的中心角色，用于交代人物与环境的关系及对情节进行说明。

※ 中景

中景是使用最多的景别，人物角色一半以上进入画面中就可以叫中景。中景用于表达角色之间、角色与景物之间的关系。

※ 近景

近景是指拍摄人物胸部以上的景别，也可以用于拍摄物体的局部。因为近景可以表现人物面部表情等细节，所以可以用来展示人物的心理活动及情绪变化等。

※ 特写

特写用于表现人物和其他物体的细节特征，能更好地展示出人物的细微表情变化和物体的局部细节等。

◎ 镜头的分类

镜头语言是对拍摄时所用方法和镜头的一种概括，按照镜头在影片中所发挥的作用主要分为 3 类：关系镜头、动作镜头和渲染镜头。

※ 关系镜头

关系镜头可以理解为叙事性镜头，它包含各类景别，主要作用是交代时间、地点、事件和气氛等，如图 3-25 所示。此类镜头要多注意构图及对氛围的把控。不管是拍摄后期特效还是动画制作，关系镜头中的点、线、面元素，以及空间关系或光线与色彩的设计都需要特别注意。做好关系镜头，能够成功营造影片的氛围并确定基调，同时也能为后续搭配背景音乐的环节带来灵感与参考。

图 3-25　关系镜头

※ 动作镜头

动作镜头是一部影片中最主要的镜头类型，它主要用于表现角色的状态、对白、表情和动作等，同时更加强调动作的过程，甚至包括各种细节。动作镜头使用中景、近景和特写较多，在影片中起着推动情节的作用。

动作镜头的设计需要配合角色动作来进行，因此要综合考虑当前状态下的角色、环境与情节所传达的信息及所要表达的情感。如图 3-26 所示，观者从这个动作镜头中可以感受到足球比赛时的热烈氛围。

图 3-26　动作镜头

※　渲染镜头

　　渲染镜头也叫空镜头，是没有角色或者有少量人物的风景镜头，如图 3-27 所示。渲染镜头的使用与前两种不同，需根据影片的氛围与感情表达效果而定。渲染镜头相对抽象，主要作用是对影片主题或者故事主要思想的暗示、强调等，也有在某一段情节中，将渲染镜头穿插到动作镜头中烘托氛围的情况。渲染镜头的占比会明显影响影片的风格，占比越高影片越具感染力。渲染镜头的设计比关系镜头更加注重"绘画修饰"的感觉，根据情感表达的需要来加强光线与色彩的营造。

图 3-27　渲染镜头

◎　镜头的角度

　　镜头的角度对表达情感起着非常显著的作用，不同的构图和景别搭配不同角度的镜头，能够塑造出鲜明的人物形象，正确地传达出情节发展的感情色彩。镜头按角度来分有 6 种类型：正面镜头、侧面镜头、背面镜头、平视镜头、俯视镜头和仰视镜头。

※ 正面镜头

从角色正前方进行拍摄，这个角度能够完整表现角色的全貌，从而很好地把人物角色呈现出来，如图 3-28 所示。正面镜头通常在角色登场时使用。此类镜头要注意增强空间景深效果，避免造成画面平淡等问题。

图 3-28　正面镜头

※ 侧面镜头

从角色正侧方拍摄，这个角度能够交代角色的位置和方向，常用于描述角色去向和推动情节发展等。对于物体，如交通工具、动物等，侧面角度的拍摄能够强调拍摄对象的运动状态，如图 3-29 所示。除此之外，对人物角色使用侧面角度的非动作镜头，能够表达人物的内心活动与情感。

图 3-29　侧面镜头

※ 背面镜头

从角色后方拍摄，这个角度容易让观众形成主观视点，从而参与到故事中，如图 3-30 所示。背面角度对于角色的刻画，更多的是从动作和运动方式上着手的，可以留给观众更多的思考空间。由于可用于表达身临其境的感觉，很多恐怖片会使用这个角度，配合声音效果，烘托出阴森、恐怖的氛围。

图 3-30　背面镜头

※ 平视镜头

平视是与角色在同一水平线上的拍摄角度，同样也能够呈现出观众主观参与的效果，如图 3-31 所示。这个角度与观众日常生活中对人与物的观察角度类似，因此更具备客观的感情色彩，同时也可以表达出熟悉、亲切、平等的含义。我们在拍摄居家、生活等较为轻松的题材时，会经常用到平视角度。

图 3-31　平视镜头

※ 俯视镜头

从角色的上方向下拍摄便是俯视，如图 3-32 所示。这个角度能表现出周围环境的空间关系和景物的视觉层次。以俯视角度拍摄人物可以塑造出渺小、茫然与无力的感觉，同时能表达出人物无助与压抑的情感。而以俯视角度拍摄人群或兵马，则能描绘出气势恢宏的场面。除此之外，微微俯拍人物也能够通过透视关系来勾勒人物秀丽的一面，可用于女性角色的拍摄。

图 3-32　俯视镜头

※ 仰视镜头

从低于拍摄对象的角度向上拍摄便是仰视，如图 3-33 所示。这个角度常用于拍摄空中景物，如飞机、鸟类等。由于视平线在画面外，所以可以减少画面中的干扰因素，更容易突出主体。从情感色彩而言，拍摄人物时，用仰视角度更容易突出人物的伟岸形象；拍摄建筑、树木和山峰等时，用仰视角度则能够产生壮观和气势磅礴的效果。

图 3-33　仰视镜头

不同角度的镜头应用在不同的场景中，可以演绎出不同的感情色彩。从创作者的角度来讲，我们不应拘泥于拍摄角度的经验主义。对比在 MG 制作技术上所倡导的"以效果为导向"的思维，在创作影片时，构思镜头表现手法的关键是如何表达出情感、如何讲好故事，同样也是"以效果为导向"。

我们可以尝试观看不同的人使用同一种角度镜头演绎的作品，并结合影片所塑造的角色在故事情节中传达出来的情感，去感受这个过程所带来的不同体验，这也是提高审美水平的必要过程。总而言之，镜头角度的作用与镜头分类是一致的：叙述故事，容纳故事发展，渲染情感与内涵。

◎ 镜头运动

我们知道，动画和电影都是动态的艺术。不管使用什么样的景别、镜头类型、镜头角度，若不让它运动起来，便不能称之为动态的艺术。因此镜头运动可以说是镜头语言的核心，也是电影区别于其他艺术形式的重要标志。镜头运动的方式有推镜头、拉镜头、摇镜头、移镜头、升降镜头、旋转镜头、晃动镜头及背景运动等。

※ 推镜头

推镜头，即摄像机向拍摄对象的方向推进，可以采用变换镜头焦距的方式来完成。推镜头可以改变景别，能把主体从环境中凸显出来。

※ 拉镜头

拉镜头与推镜头的方向相反，拉镜头是常用的制造悬念的方法。例如，由近景或中景开场，通过拉镜头改变景别，将整个环境拉入画面中，交代角色所处的环境。而这个过程也让单纯的镜头变化有了更多的趣味性，更容易引起观众的注意和思考，进而期待情节的继续发展。

※ 摇镜头

摄像机在当前位置做上下运动或者左右旋转。摇镜头最容易让我们联想到的场景是环顾四周，这是一个主观视角镜头。例如，角色来到一个新的环境中，采用摇镜头，切换近景再拉镜头至全景，完成一个主人公内心变化的过程。摇镜头的快慢和方向代表不同的场景和情感表达，如快速摇镜头可以用来表达搜寻目标的过程。

※ 移动镜头

移动镜头是让摄像机与物体一起运动的拍摄方式。移动镜头同样也是一个主观视角镜头，如角色行进在某条街道中，配合移动镜头来表达其主动探索的过程。有时候移动镜头也会被用于表现乘坐交通工具的场景，作为第三人称视角对拍摄对象进行跟随。

※ 升降镜头

升降镜头是指将摄像机绑在升降装置上，使其进行上下移动的拍摄方式。升降镜头带来的最直观的感受就是空间关系的剧烈变化，可用于远景交代大环境，用于近景表现个体对象的状态，或者作为主观视角镜头进行观察，是常用的交代人物和环境关系的镜头表现手法。

※ 旋转和晃动镜头

这两种镜头可以作为其他镜头运动的辅助。在某些情况下，它们用于抽象表达人物的心理活动或者在其他镜头运动中用于辅助表现角色的主观心理变化的过程。

※ 背景运动

之前提到的视差滚动就是一种背景运动，它可以反衬物体的运动。在动画制作中，人物一直处于舞台的固定位置，而背景在不断地切换变化，这样可以塑造出一种超出现实世界的时间流动感和趣味性。

变换镜头角度拍摄可以表达出不同的情感变化，推动故事情节发展。在这一点上，运动拍摄体现得更为彻底。优秀的影片一定会有优秀的分镜头、流畅的空间和时间变化，这些都需要独到的镜头运动手法作为支撑。上述常用镜头运动方式只是对符合我们生活经验与基于实践的简单整理，属于入门知识。我们可以通过多观察优秀影视作品的镜头运动方式去感受和思考其中的奥妙，从这些高超的拍摄技巧中学习自己需要的知识。

2. 光线与色彩

光线是一切空间造型的前提条件，因为光线照射到物体再反射到我们的眼内，才有了透视、明暗、色彩斑斓与虚实变化。光线交代物体在空间中的前后关系，并且使我们能够判断出物体的形状、大小、表面材质及纹理等。大的环境光线则能够改变整个视野范围内的观察结果，使整个空间都处于同一个级别的光照影响之下（例如，天气变化或者室内主灯光变化）。无论是摄影、绘画，还是影视动画，都需要对光线有深入的研究，不同的光线下形成的影像能够在很大程度上影响我们的主观判断和情绪变化。在影视动画创作中，光线是氛围布局中最重要的元素。

光线是空间造型的前提，也是呈现色彩的前提条件。色彩的三要素为色相、饱和度和明度：明度体现了光线对颜色变化的直观影响；饱和度指颜色浓淡，是一个自然属性；色相是对颜色种类进行区分。研究色彩，更多时候研究的是色相对人们心理变化的影响，用不同颜色来表达情绪和感情，几乎在所有设计领域中都有运用。

◎ 光线的强弱

光线的强弱决定了画面对比关系的强弱。在明度对比中谈到的黑白关系，就是在光线强弱变化影响下所形成的观察认识。强烈的光线能够形成非常清晰的物体轮廓，具备高对比度和明确的空间关系。例如，晴天时的景物和光线明亮的室内物体的视觉表现。弱光线会使画面昏暗，并且会减弱物体的轮廓与结构关系和情感色彩。在此前提下，让强光线和弱光线分别作用于主体、陪衬物体或者背景上，能够很好地突出主体，从而塑造出具有魅力的角色形象。

◎ 光线的方向

光线强弱需要搭配光线的方向，因为光线的方向对情绪变化的影响非常直观，并且符合我们的观察经验。例如，一天中能够看到的太阳光线的直射和斜射的时间分别是正午、早晨或者傍晚。相比于直射光，斜射的光线能够让光影明暗层次更加分明，更容易突出画面的表现力，这也是很多摄影师倾向于在早晨或者傍晚拍摄景物的原因。

光线的方向对情绪变化的影响是显而易见的。使用正面光来表达角色形象，通常形成的是正面的情绪；使用逆光来表达角色形象，则会使主体角色的明度大大低于其周围区域的明度，从而形成一种神秘感或压迫感。

◎ 光线的性质

光线除了强弱和方向，还有硬光和柔光。我们可以通过被照射物体的投影来判断光线是硬光还是柔光，硬光能够形成清晰的阴影轮廓，而柔光形成的阴影轮廓是柔和且不具有明确边界的。在一定程度上，光线的软硬能够体现出光线的强弱和方向，硬光通常更强且更具方向性，柔光相对更弱且方向不明确。

软硬作为光的一个综合属性，受光线的强弱与方向的影响，它们共同构成了我们对光线的基本认知。在不同光线的作用下，我们所观察到的同一个物体往往会有不同的视觉表现，从而影响主观判断与情绪表达。

◎ 如何布局光线

了解了 3 个关于光线的重要属性之后，我们知道画面是不同光线作用的结果。前人在创作影视作品中，经过多年的积累形成了一套系统的方法，教会我们如何布局光线。通常根据不同方向和强度把光线分为主光、补光、轮廓光等。

※ 主光

主光是拍摄中最重要的光源之一，决定着整个拍摄画面的基调。以拍摄对象为基准，主光在水平方向上通常分为正面、四分之三侧面、正侧面、四分之三背面和背面（逆光）。在垂直方向上，通常使用位置高于拍摄对象的光源，能够形成直接的照射效果。若光源位置低于拍摄对象，则容易渲染出恐怖电影中的画面形象。结合对光线方向的认知，我们不难判断，四分之三侧面的斜向主光是较为常用的光源。

※ 补光

主光通常较为强烈，会使拍摄对象产生明确的受光面和背光面，这时就需要使用补光来减弱阴影区域，让画面整体变得明亮、柔和。补光通常使用柔光，需要根据主光的位置进行布局。补光一般在 3 个方向上：正面、与主光相对的另一个侧面、较高位置。补光的强弱决定光影的强弱，从而影响整体画面基调。强度较高的补光可以与主光形成"高调"的基调，表达愉快的情感；强度较低的补光和主光形成"低调"的基调，表达阴郁、低沉的情感。

※ 轮廓光

轮廓光位于拍摄物体边缘后侧，用于勾勒拍摄对象的轮廓，与背景形成明显的区别，即产生景深的层次变化。轮廓光的色彩倾向较弱，具体使用时可根据角色形象进行调整。

光影关系构成明度变化，在影视中称为影调。影调塑造出画面中的点、线、面关系，突出画面中的主次关系，增强透视与景深效果，能表现物体质感，并正确地表达氛围关系。从画面的结果来看，静态视觉设计中的明度变化，正是影调在同一个体系下的另一种呈现。

◎ 色彩

一般提到的色彩更多的是指色相在影片中的影响和作用。颜色来源于我们对自然环境的认识，是在不同的生活场景下的经历所形成的经验。每个人对色彩的认识都不同，但整体而言，色彩对人类心理层面的影响具有统一性，对色彩的研究即是把这些统一性总结出来，并呈现在影片中。影视领域多年来呈现给观众的过程，也形成了观众对于文化接受度的经验认知。从这个角度来讲，影片强化了色彩对人们心理的影响。

※ 暖色系：红色、橙色、黄色

色相是人们根据对自然的认知而形成的一种主观的"冷暖"概念。夜晚的红色火焰是温暖的，冰雪反射天空的蓝色却是寒冷的。暖色系在群体认知中的感受是以温暖为主，如图 3-34 所示。将这些代表暖色系的主要颜色放在一起，其中的每个颜色所表达的情绪又略有不同。

红色： 人们对红色的主观认知主要来源于火焰、成熟的果实或秋天的枫叶。红色代表温暖、热烈与生机，这是自然属性。红色是血液的颜色，战争代表流血、悲伤，所以红色通常也具有警告的意味。在不同国家和地区，红色有不同的含义。例如，在中国传统文化中，红色代表吉祥，所以很多表达节日气氛的影片通常会使用红色。

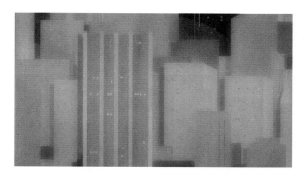

图 3-34　暖色系

橙色： 人们对橙色的主观认知主要来源于晚霞、成熟的果实或秋天的落叶。橙色代表光辉、成熟与丰收。橙色的人文属性受其自然属性的影响较大，相对来讲认知较为统一，代表喜庆、富贵、热情等含义。使用橙色能够带来正面意义上的情绪表达。

黄色： 人们对黄色的主观认知主要来源于成熟的果实、花卉或秋天的落叶。相比于橙色，黄色多了明快和轻松的感觉。黄色与金色在中国传统文化中，被视为权贵的象征。

暖色系主要由以上 3 种颜色构成。相对来说，它们之间存在共性，又有各自的属性。暖色调会给我们带来正面积极的情绪，能够表达出热情、欢乐等心理感受。不同比例的暖色搭配有不同的含义，这需要根据具体角色对象所表达的情感来选择。

※　冷色系：蓝色、青色

人们对冷色系的主观认知主要来源于大气反射、海洋、冰雪、夜空等，以蓝色为主的色彩代表很多自然物质与景观。冷色系带给我们对寒冷的认知，一般指以蓝色和青色为主的色相，如图 3-35 所示。

蓝色： 人们对蓝色的主观认知主要来源于天空、海洋、冰雪和夜空。蓝色的自然属性带来的寒冷体验是深刻的。以蓝色为主的色调可以用来表达消极情绪，如阴郁、绝望等。另外，自然界中也存在明快的蓝色，如清澈的海水能给人带来自由、舒适的感受。因此，蓝色也存在积极的一面。结合蓝色所代表的双重自然属性，形成了冷色系冷静、理智、追求自由的认知。

图 3-35　冷色系

青色： 青色是介于蓝色和绿色之间的颜色。绿色是中性色，青色是绿色中包含一些蓝色。因此，青色偏冷色系。青色在自然环境中较难发现，通常介于蓝色与绿色之间的颜色都可以称为青色。青色在中国历史上被用在服饰、器皿上，代表古朴、高贵。

冷色系的整体情感表达较为低沉，可以降低热情，用于表达安静、沉寂和一些相对消极的情绪。冷色系也可以表达一些积极的内容，如自由和公平。我们在一些影片中看到的雨过天晴的情节，可以让人产生愉悦的情绪。

※ 中性色：绿色、紫色

人们对暖色与冷色的认知来源于自然环境和各种自然现象对视觉产生的刺激，自然环境是复杂的，世界上并不只有冷、暖两种色系，还有一些颜色混合了冷、暖两种色系，被称为中性色，如图 3-36 所示。中性色是混合的色相，主要由绿色和紫色构成，人们对它的认知同样来源于自然观察和生活经验。

绿色： 绿色来源于绝大部分植物，因此很容易和生存、希望等联系起来。绿色也会给人带来安全、和平的感觉。在文化层面，我们对绿色的认知具有较高的共识。影片中对绿色的表达会直接采用外景的形式，绿色的树木和草原能够给人带来非常舒适的视觉体验。

紫色： 紫色主要来源于花卉，如紫罗兰、薰衣草等均是紫色的代表。紫色由红色和蓝色两个色相混合而成，象征高贵和优雅。

图 3-36　中性色

中性色的含义表达相对来说差异比较大，除了每个颜色的自然属性所形成的观察经验，它也受到历史文化发展的影响。中性色相对冷暖色系来讲，具有独特的魅力，值得我们从不同的作品中慢慢品味。

※ 黑色与白色

黑、白并不属于色相，对此在前面有过详细的描述。将黑、白色融入色彩关系中，能形成丰富的视觉效果，是画面中非常重要的构成部分，如图 3-37 所示。黑色和白色也能产生情绪影响，黑色比较低调，代表严肃、压抑，惊悚电影中会使用大量的黑色调。白色在表达纯洁、神圣的同时，也会用于表达悲伤、苍白等。从情绪表达上来说，单纯的黑色和白色都容易给人带来不舒适的感受。

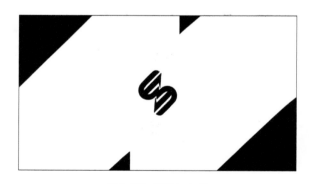

图 3-37　黑色与白色

3. 音乐、音效和人声

音乐、音效和人声是影片创作中极为重要的组成部分，它们作为视听语言的听觉部分而存在。音乐的主要作用是烘托气氛，表达画面中的情感。一些场景中的情绪可以通过音乐来传达，而非使用过多的镜头变化或角色表演。音效能够强化影片中模拟现实的部分，让观众身临其境。除此之外，音效还能够扩展画面所无法表达的部分，为观众带来想象空间。人声主要指人的声音对台词的演绎，在 MG 作品中我们更多使用的是旁白或者独白形式的人声。

◎ 音乐

大部分有声的 MG 作品会使用纯音乐。比起影视作品对音乐的要求，MG 作品对音乐的要求要低一些。音乐的主要作用是抒发情感与渲染气氛，是 MG 视听语言中非常重要的组成部分。不同的音乐节奏和旋律变化与动态演绎配合起来才能够达到想要的效果。

※ 音乐的类型

音乐有专业的分类，现阶段我们仅需要从基本形式和情绪感受方面来认识音乐。影片中的配乐通常有偏向节奏、偏向旋律及两者结合的类型，偏向节奏的音乐能够调动紧张的情绪，形成听觉刺激，其情感表达是兴奋而强烈的；偏向旋律的音乐能够形成舒缓的韵律感，使人心理感受较为安静的同时，也给人带来了沉浸感，其情感表达是愉悦而舒适的；两者结合的音乐会在节奏和旋律之间反复转换，能带来情绪的高低起伏，通常这类音乐更容易给人留下深刻的印象。

※ 音画同步

音乐类型影响动态效果的演绎。为了配合不同的音乐类型，我们需要调整作品的动画节奏。对于节奏感强烈的音乐，图形运动需要跟随音乐的节奏变化，画面中的图形元素的状态变化和音乐节奏需要同步。对于节奏感弱、旋律性强的音乐，在选用图形元素和运动方式的时候要舒缓而流畅，要与音乐的旋律起伏相匹配。

◎ 音效

音效指影片中的环境里出现的各种声音，可分为自然环境音效、人为环境音效、人为动作音效和特殊音效等。音效的作用是加强环境的氛围感，利用听觉感官来配合视觉感官增强沉浸式视听体验。自然音效主要用于模拟环境变化，如气候变化和位置变化等；人造音效更多用于表达感情变化。总体而言，为了丰富影片中的听觉层次，准确表达所需要的环境效果与渲染氛围，就需要使用各种类型的音效。根据不同的情况，音效还有具体的分类。

※ 自然环境音效

自然环境音效一般会采用实录的方式采集各种类型的声音素材，混合编辑后作为影片中使用的素材，常用的自然音效有风雨声、雷电声、鸟虫声、滴水声、海浪声等。交代环境关系时通常会搭配自然环境音效。

※ 人为环境音效

人为环境音效是在有人参与的环境下发出的声音，如集市上嘈杂的声音、交通工具发出的噪声、工厂机械设备运转发出的声音等。人为环境音效起着表现当前所处环境的作用。

※ 人为动作音效

人为动作音效通常与动作镜头配合使用，人物角色在情节中的动作都会产生音效，如走路声、跑动声、打斗声或使用工具时发出的声音等。正确配置动作音效可以增强动作的真实感，令人信服，同时也能将观众的注意力吸引到动作上。

※ 特殊音效

一些人为合成的特殊音效可用于表达抽象情感或幻想情景等。一些超现实的作品，如科幻题材的作品，其中各类机械化场景均不是现实生活中存在的，所搭配的音效是纯粹的创意产物。

◎ 人声

人声主要指对台词的演绎，人声演绎台词在影片中的不同阶段具有不同的意义。在以叙事开场的关系镜头中，人声通常用于介绍故事背景、交代环境等。在动作镜头中，台词是对故事情节的直接表达，通过台词来讲故事是最直观的方式。角色间的信息传递和情感变化，几乎都依靠台词。在渲染镜头中，要渲染情感与氛围，通常也有可能使用人声演绎台词。人声对台词的演绎，主要有旁白、对白和独白3种。

※ 旁白

旁白也叫画外音，声音发出者与故事没有直接关系，通俗地说就是局外人是如何看待这个故事的。所以旁白要客观、理性，不宜表达出主观感情。旁白最大的功能是叙事，能够低成本地表现时空转换，当无法使用镜头来表达时间跨度时，通常会使用旁白来交代时空转换。

※ 对白

对白即对话。人物之间交流的声音，是整个影片中非常重要的声音内容。在动作镜头中，对白可以推动情节发展，起到传递信息、沟通与表达及交流讨论等作用。与旁白有所不同，对白带有主观情绪，因为它出自人物，而人物在故事中是具备立场的，带有立场的对白塑造了人物的形象与性格。而对白最为精妙之处在于，一些对白中使用了潜台词，追求语言背后所隐含的深层含义，可能是心理变化，也可能是感情流露，又或者是某些暗示。

※ 独白

独白也是由人物角色所发出的声音，但与对白有所不同。独白主要用于表达内心活动，如祈祷等。内心独白是一种画外音，由影片中的角色所演绎，更多起到的是表达内心思想和情感的作用。内心独白也会在关系镜头中出现，这种情况下会省略旁白，而通过角色的内心独白以主观视角来介绍故事背景，更容易使观众接受角色所演绎的情感和心理变化。

4. 与 MG 相关的影视知识

前面对 MG 涉及的影视知识进行了简单的介绍，实际上影视领域的专业知识还有很多且很深奥，但对制作 MG 而言，我们暂不需要了解那么深。MG 作为独特的艺术形式，有独特的演绎方法，它基于影视理论而又有所不同。下面将讲解关于这部分内容的具体运用。

◎ MG 中巧妙使用的长镜头

在前面提到的美国一家快递公司的宣传案例中，对于转场的控制，MG 有独特的方法。在传统影片和动画作品中，可以通过镜头剪辑、镜头运动等方式来改变场景，推动故事情节的发展。在 MG 中，由于角色元素的抽象化，它可以通过有创意的抽象化动态图形来改变自身形态。

前面学习的遮罩、嵌套合成的"Day and Night"案例中也运用了这样的思路。通常在日夜转换的传统镜头中，会看到淡入、淡出和黑屏转场等方式。但 MG 可以保持镜头不变，通过改变元素本身的属性和形态来完成时间的转变。当然这并非完全脱离传统剪辑的手法，一些幽默风趣的影片也会使用夸张的方式完成快速转场，如扇形转场等。这些案例的灵感来源并没有脱离已有的剪辑手法。

在 MG 创作中，更多时候会采用连贯的镜头来表达创意。MG 和传统影视动画最大的不同在于没有受到现实思维的限制，因此可以做到这一步。在 MG 创作中，可以把摄像机作为一个动画元素来使用。我们看到的一些视频节目的片头，摄像机的视角不断地在各种图形元素中穿梭，最终来到节目 Logo 的位置，这就是 MG 巧妙运用镜头运动所达到的长镜头效果。

◎ MG 中的光线与色彩

MG 对光线与色彩的应用，需要根据情况进行选择。2D 的 MG 作品用到的更多是平面构成和静态设计中的色彩理论，包括明度变化、色彩搭配等，更靠近情感氛围与抽象表达。在本章的第 1 个案例中，分析 MG 作品时也能看到关于色彩表达的方式。在平面且抽象的 MG 作品中，几乎没有涉及对光线的运用，而仅针对色彩的饱和度与明度进行调整。

3D 的 MG 作品中增加了空间景深与材质的表达，因此更重视光线的渲染。在第 2 章的摄像机案例中，通过对界面元素进行空间位置的改变，并且添加了投影来模拟光线照射，让平面化的素材变得更立体。虽然那并不是使用 3D 模型制作的动画，但它运用了 3D 光线对空间物体投影影响的原理来提高平面物体在进行空间运动时的真实度。

还有一些用 3D 模型制作的动画，属于 3D 的 MG。这类 MG 会严格遵循 3D 动画技术来定义目标材质，如反射强烈的光滑材质，或者是由光线漫反射形成柔和投影的粗糙平面，进行光线设定。不管 MG 本身的图形元素如何抽象，隐喻真实空间中的光影材质的定义都会被严格执行。

关于光线和色彩，还有一类使用粒子特效表现发光效果的 MG，它所表达的含义更为抽象。这类 MG 作品通常会综合运用光线和色彩来调整整个空间的环境变化。那些完全使用虚拟的粒子光效的 MG 作品，有时候会被嵌套在现实场景中，可以达到以假乱真的效果。

◎ MG 中的音乐、音效和人声

由于 MG 所表达的故事情节通常都不够具体，所以与之匹配的音乐不具备有针对性的故事情感，而仅有对表层感官刺激所引起的情绪变化。MG 的配乐有独特的风格，但不宜应用到动画和电影中。针对这种独特的风格，一些 MG 作品会专门创作配乐。对独立设计师而言，这可能需要寻找合作伙伴来完成。在大部分情况下，独立设计师可能会选择制作无音乐的 MG，或者使用一些免费的音乐素材。所以，音乐在 MG 中并非必要项。

MG 中会运用一些表达简单情节的音效，通常是人为的环境音效。如果我们在制作 MG 时能合理地运用音效素材，就能让人眼前一亮。

人声在 MG 中多数是旁白或者独白，它仅用于表达情绪或者介绍背景，根据需要应用在不同的场景中。正因为与传统电影作品不同，MG 中的旁白或者独白并不会搭配对白。当然，这种情况在如今一些新的作品中有所变化，如使用 MG 手法来演绎传统动画情节时，会安排具体的角色讲故事，这样就会存在对白了。

小结

学会观察优秀的 MG 作品，并且能够得出正确的分析判断，需要一些知识的积累，而这些知识来自影视、动画和其他领域。本小节对相关知识和概念进行了简单的介绍，是 MG 学习过程中非常重要的内容。对很多专业概念若展开深入研究，会衍生出更多的知识，即便在进阶学习的阶段，也并不推荐大家都去掌握。比起掌握有深度的内容，更重要的是找到适合自己的方向，这样会更容易取得成功。

3.2.2 动画的概念与规律

MG 中所包含的影视知识，更多时候可被用于分析 MG 作品，有时也会被运用于创作中。但只有这个程度的了解并不全面，MG 本身是一种特殊的动画形式，在实践中，我们还需要对动画的概念与运动规律有所了解。

1. 动画的概念与原理

动画是连续播放静态画面，让人眼认为是真实运动的艺术作品。由于人眼观察物象需要通过光线反射进入视网膜，并由视觉神经传导至大脑做出反馈而完成"看见"的过程。光线在视网膜上会短暂停留，而神经传导与反馈的过程也需要时间，这便造成了视觉暂留的现象。基于这个原理，人们发明了动画这种艺术形式。人类视觉暂留的时间大约是二十四分之一秒，据此将影片的帧速率设置为 25 帧 / 秒。除了 25 帧 / 秒，还有 30 帧 / 秒或 60 帧 / 秒等帧速率。

◎ 电影、动画和计算机图像的流畅度

电影、动画和计算机图像的成像原理并不相同，因此在流畅度的定义上也不同。由于人眼存在视觉暂留现象，所以我们在观察运动物体或自身在运动过程中观察周围物体时，会因为连续的视觉暂留而在视觉上形成物象拉伸并模糊的现象。在图像领域对此有一项专门的模拟技术，叫作动态模糊。

电影使用摄像机拍摄，摄像机的成像原理与人眼类似，曝光就是在模拟视觉暂留现象，所以我们才能从单一的静态帧里看到物体因运动而产生的模糊效果。因此，摄像机成像符合人眼视觉暂留的规律，视频的帧速率达到 24 帧 / 秒即可满足对流畅度的要求。

在动画领域，如 3D 动画，其原理是通过连续播放渲染静态帧来实现运动，但每一个静态帧都是静态效果，而非对运动效果的表达。这与人眼和摄像机捕捉动态的原理有所不同，静态图像不包含对运动效果的模拟。在低帧速率下，图像的运动轨迹丢失，存在断片和卡顿的现象，需要通过提高帧速率来填补这种丢失的感觉。所以当我们看到 60 帧 / 秒的 3D 动画时，会觉得极为流畅，甚至有超越现实的视觉体验。但这种情况并不能应付所有的运动类型，当帧速率速度超过最大的流畅度时，便会继续出现不流畅的感觉。在一些 FPS 游戏中，若帧速率低于 60 帧 / 秒，会很容易出现卡顿和不流畅的情况。针对这个问题，动画图像领域引入了动态模糊技术来模拟连续的视觉暂留现象，这样就能够改善这个问题了。

◎ 运动现象的本质

无论是现实中的运动，还是动画中模拟的运动，其本质都是状态的变化。在使用任何一个尺度或标准去衡量状态时，如距离、大小、方向等，状态发生变化都是一种运动。通过对运动状态进行记录，能够在单位时间内将其动画化（用动画的思路来处理运动状态的变化）。

自然界中所有的运动都是无法被完全复制的，但可以对不同的运动进行分类，找到其规律性。例如，树叶在风中摇曳、昆虫的翅膀扇动、人和动物的跑动、水波的扩散及云雾的变换等。在动画制作领域，需要理解这些运动规律，并用简单的方式呈现出来。

2. 从物体运动中总结运动规律

自然界中的运动并不存在完全一致的情况，可以说每一种运动都是独一无二的。但通过对自然运动进行分类，我们可以整理出初步的规律性特征。针对这些运动本身的特征来寻找可以复用的规律，从而服务于动画制作。

◎ 运动状态中的关键点

运动状态需要注意的 3 个问题，即运动中的时间、空间和速度与节奏。

※ 时间

任何运动都需要以时间来衡量，状态变化所经历的时间就是动画中的时间概念。运动时间的长短影响动画的整体节奏变化。不同运动的时间长短是通过不断观察总结而来的，对于运动时间的把握，可以从对现实生活的观察得来，也可以对一些运动对象进行实际拍摄，通过反复观看完整运动所经历的时间来强化记忆。

※ 空间

空间的本质是状态变化。物体存在于空间中，也在空间中变化自身状态。运动中所说的空间就是状态变化在空间中的表达。例如，表现位置变化的运动，在空间中连接运动开始与结束两个状态的部分就是运动轨迹，这就是运动中空间概念的体现。运动轨迹的不同，形成了不同的运动类型。除此之外，一些特有的运动状态在空间中的表达，也是区分运动类型和总结运动规律的方法。例如，花朵开花和烟火绽放都有发散式的运动，这便是此类运动的规律。

※ 速度与节奏

速度的不同会带来运动节奏的变化，也可以用来区分不同的物体、材质、运动类型等。这里的速度与节奏并不限定是哪一种速度变化，只需要从速度影响了动画节奏的现象出发，把速度与节奏作为运动规律中的关键点来理解。速度与节奏通常还会体现一些力学方面的现象，如惯性和弹性等，不同的情况下表现出来的运动节奏各有不同。

以上 3 个关键点，前两个在动画中构成关键帧的概念。通过关键帧来记录所有的动态变化信息，速度与节奏可以模拟自然环境和人为环境下各类物体的运动特征，观察和总结所看到的运动规律时，均可使用这 3 个要素。当然，在大部分情况下，使用被总结出来的运动类型即可满足创作需要。

※ 韵律与美感

韵律与美感是综合了时间、空间和节奏而形成的独特的视觉感受，是一个可以带动主观情感变化的特征。总结出运动变化的几个关键点之后，将其升华才能达到韵律与美感的高度，如图 3-38 所示。例如，芭蕾舞演员的舞蹈姿态，其中涉及转体、跳跃、伸展等运动。学会感受其中的韵律与美感，并且根据运动变化的关键点来总结其中的特征，才能够准确地重现这样的运动。

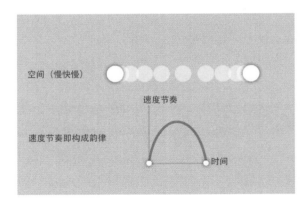

图 3-38　韵律与美感

◎ 常见的运动类型

基于运动规律所包含的关键点，前面已对各类常见运动进行了总结及完善，我们可以学习并加以运用。常见的运动类型中，包含了不同的运动规律，将这些类型的规律套用在不同的角色、物体上，即可表达出所需要的效果。

※ 曲线运动

如图 3-39 所示，物体的运动轨迹为曲线，即曲线运动。曲线运动的出现是因为物体所受的外力和它的运动方向不在同一直线上。常见的抛物线运动和匀速圆周运动都是曲线运动的代表。制作曲线运动的动画，主要是在运动空间（运动轨迹）上做调整，并且需要根据实际情况调整物体的速度和运动节奏。

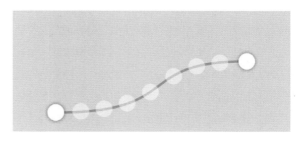

图 3-39　曲线运动

※ 惯性运动

惯性是指物体抵抗自身运动状态被改变的性质。通常物体质量越大，运动状态越难以被改变。惯性运动是体现出物体惯性的运动，如急刹车时车内乘客受到惯性影响而前倾，或者我们用力将物体抛出，物体脱手后持续向前飞行等。制作惯性运动的动画时，可以通过调整动画曲线改变运动节奏的方式来实现。图 3-40 所示为惯性运动的曲线，在实际制作中要根据所模拟的物体质量进行灵活调整。

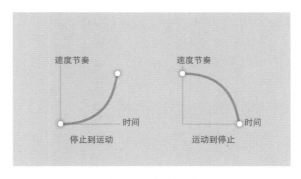

图 3-40　惯性运动

※ 自由落体运动

如图 3-41 所示，自由落体运动是物体仅受地球引力影响而呈现出匀加速度的运动。在模拟这种运动的时候，不需要非常准确地呈现出重力加速度，只需要调整物体的运动节奏，使其稳定加速即可。

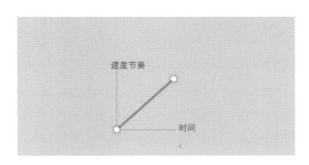

图 3-41　自由落体运动

※ 弹性运动

弹性是指物体受到外力时会发生形变，外力解除时又能够恢复其原本形状的性质。弹性运动是能体现出物体弹性的运动。当具备高弹性的物体发生自由落体运动时，物体接触到地面后发生形变，因自身所具备的弹性而再次跃起，而后受重力影响继续下落，接触地面后继续发生形变，再次回弹，直到弹性释放完毕。After Effects 中的弹性表达式就是在模拟这个运动过程。在模拟弹性运动的时候，需要遵循在第 1 次运动状态结束后继续对运动状态做循环，但变化的幅度会递减的规律，如图 3-42 所示。由于存在运动表达式的快捷方式，因此对弹性运动仅作了解即可。

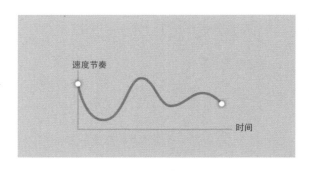

图 3-42　弹性运动

※ 流体运动

流体指没有固定形状的物体，典型的流体包括气体和液体。流体之间的属性有所不同，如气体和液体的区别是气体的体积不受限制，而液体有一定的体积且存在是否具有黏性等属性。流体运动基于流体力学，有复杂的力学原理作支撑，这里不建议大家深究。我们只需要记住，在制作流体运动效果的时候，需要借助一些特殊工具来完成，如使用插件或表达式等。

◎ 如何掌握运动规律

我们了解到的一些运动规律，有些是自己从日常生活经验中获取的，如自由落体运动等；有些则是自己不太熟悉或者没有认真研究过的。这里提供一些可行的方法帮助大家认识和使用这些运动规律。

※ 第 1 步，观察并拆分运动

我们在日常生活中观察到的各种有意思的运动现象，都是多种力综合作用的结果。为了理解这些运动，需要使用拆分的思路。例如，对于奔跑运动，我们需要拆分人体的起跳和落地，以及腿部交换蹬地加速这两个部分。在制作奔跑动画的时候，需要将人体按照时间循环来定义处于最高点和最低点时的两个关键帧，而腿部运动的关节需要配合人体在向上和向下运动时的两个时间点来处理腿部接触地面和蹬地后腾空的部分。

图 3-43 所示为一幅简单的运动分解图，我们观察的各种自然现象、物体或者机械运动，均是各种基本的运动类型组合之后的结果。如果一开始我们并没有足够好的思路去完成拆分，可以先去看别人是如何制作类似的运动效果的，并学会分析物体是如何运动起来的。

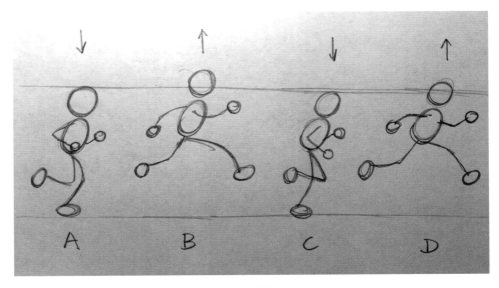

图 3-43　观察并拆分运动

※　第 2 步，重现运动

　　日常生活中除了观察与分析，还需要养成记录动画的习惯，可以采用动画速写的方式记录运动变化。如图 3-44 所示，把具体的运动对象简化为几何形体，如圆形、矩形等，将主要精力放在表现运动轨迹和运动节奏上。这种从观察到表达的训练方法可以帮助我们快速地理解一些运动规律，而并不一定要去完整地制作动画作品。定期做这样的训练可以在脑海中形成对物体运动的记忆，这种记忆能够服务于实际创作中对运动节奏的调整。简而言之，它就是一种手感的形成过程。

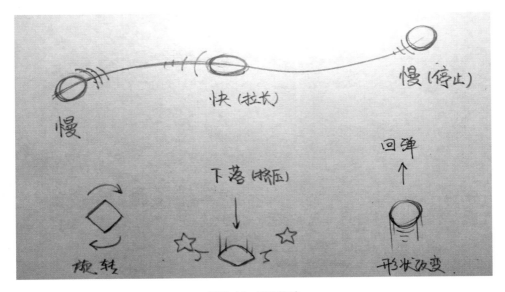

图 3-44　重现运动

※ 第3步，通过动画表达出来

重现运动过程，可以帮助我们熟悉物体的运动方式与运动节奏。到了这个时候，我们需要具备一定的绘画能力。不用绘制得很细致，只需要画出草稿，能够基本表达出物体的特征即可。这里需要大家去阅读一些动画基础类的图书。

如图3-45所示，把运动对象的运动细节，尤其是参与运动的主要肢体部分通过动画表达出来，并且注意运动起始、结束及过程中最具特点的姿态的表现。长期进行这样的训练，可以大幅提高对动画的理解，从而更好地服务于创作。

助跑/起跳　　腾空　　落地

图 3-45　通过动画表达出来

小结

本小节知识点较多，并且很复杂，大家可以反复阅读并学习，去体会这些知识点在不同案例中的具体应用。其中提到的方法和手段，并不一定在每次创作中都会使用到，或者案例不一定完全符合某些需求，因为创意本身就需要打破常规。

本小节所讲的内容，有基于影视理论的镜头运动，有构成空间关系的光线和色彩，有将视觉体验进行升华的声音与音乐，还有关于运动规律和掌握规律的学习方法。每一个优秀的MG作品，都是基于这些知识并融合了大量创意的结果。至此，在进阶学习阶段所需要具备的相关理论知识已经讲解完了。但要真正完成进阶，还需要更多实践。下一节笔者将给大家讲解MG作品的创作流程，继续讲述关于MG的进阶创作。

3.3 MG 作品的创作流程

一切准备就绪后，开始进入 MG 创作最重要的部分：进行一次完整的 MG 创作。MG 作品的创作流程可以参考动画片的制作流程，只是其中一些细节有所区别。创作 MG 时有些步骤可以简化，有些步骤可能会花费很多时间。本节将带大家完整地学习 MG 的创作流程。

创作 MG 作品的念头可能来源于某个突然出现的灵感，而这个灵感经过思考延续没有消失，并且越来越具体。将灵感记录下来，然后开始搜集支撑灵感的素材，逐步形成基本的动画制作思路。在此之后，按照一定的流程来完成动画制作。创作作品与单纯地操作软件及临摹作品不同，需要主动从零开始实现自己想要的效果。虽然在创作过程中可以借鉴其他作品的表现手法，但总体的动画效果和表现力需要自己去领悟，这种领悟能力需要运用到前面介绍的各种各样的知识与技巧。完成一个优秀的 MG 作品，无论大小，都有不易之处，所以我们要尊重优秀的创意，拒绝抄袭。

3.3.1 获取创意与灵感

创意的来源并不是特定的，有时候可能是从某个现象或者对已知的表达手法进行组合而产生的。而且，每个人的创意来源都有所不同。无论是哪一种，在创作前期我们都需要广泛地浏览各类作品来激发自己的创作灵感。这些作品中精妙的表达方式和制作手法会给你带来更多的启发，有些能帮你细化创意，有些能帮你修正不够成熟的想法。

在这个过程中，我们可能遇到的问题是如何区分雷同的创意，或者是判断在参考过程中的模仿和借鉴与我们所反对的抄袭存在怎样的不同。关于这些问题，可以从以下两个方面去判断。

◎ 从出发点来判断

何为出发点？即创作这个作品是基于怎样的想法。正面的出发点，会产生模仿、借鉴等行为。基于正面出发点形成的作品，可以看出作者的核心内容架构和要表达的思想，在作品中是独一无二的。基于自己对优秀创意所表达出的欣赏，甚至崇拜，有限度地将这种创意表达方式运用到自己的作品中，而不是全盘抄袭。正面的出发点，能够帮助我们提高学习效率，更快地掌握一些优秀的创意表达方法。

如果是负面的出发点，其作品会被贴上山寨、抄袭、盗用等标签。通常让人产生这种想法的作品，很难有其独立的想法与内容。也许你并不想抄袭，但在构思作品的过程中，缺乏主题和思想，甚至连角色和舞台元素都无法脱离模仿，那么你的作品就不能算创作。创作过程十分辛苦，并非易事，当我们体验过一次完整的创作过程，便会更加珍惜来之不易的灵感。在进行创作之前，请多磨炼自己的各项能力。

◎ 从传播效果来判断

有时在观看作品时，并不能准确判断作者的出发点，毕竟这是一个主观看法，那么我们可以结合作品的传播效果进行判断。当我们作为观众来看待作品时，相对于作者的视角，会更整体也更客观。

通常优秀的作品会采用借鉴的方式，但作品的特点和优点并不会被掩盖，反而会得到观者的共鸣。反观一部分抄袭作品，核心思想不够好，作品特色被作品中抄袭的部分所掩盖，甚至出现对他人的作品错误借用、漏洞百出的情况。

结合上述两种方法判断自己的作品，对创意参考的部分是否处于可接受的范围，这是创作前期就需要考虑的。正视学习过程中遇到的问题，并且保持走在正确的道路上，是在学习中需要坚持的原则。

扫描二维码

查看案例最终效果

3.3.2 确定主题与核心创意

在经历了前期的思考和基本的创意表达构思之后，就可以确定自己想要表达的主题了。基于想要表达的"感谢MG"的这个心情，笔者打算把本书的第1个案例MGman的形象延伸开，毕竟是它带领读者进入MG世界的，此刻由它带读者回顾这段学习历程，在笔者看来是再合适不过的。通过几个由简单到复杂的案例，你应该逐步掌握了MG相关的软件操作方法和制作技巧。在这个表达感谢的作品中，可以将之前制作的内容结合起来，让这趟学习之旅更加完整。

在构思过主题内容后，就需要考虑如何表现这些内容，也就是确定核心创意了。在搜集灵感的过程中，笔者看到了一些运用社交平台来表达创意的作品，这给笔者带来了灵感。移动互联网是时下的热门主题，与MGman"对话"的平台就可以是手机。通过移动互联网，MGman给我们带来了制作MG的乐趣，并把这种乐趣传递到我们手中，它从虚拟的世界来到了现实世界，同时也表达出希望把知识传递给大众的愿望。

3.3.3 绘制草图与构思分镜头

开始制作动画前，还有很多工作要完成，首先就是绘制草图和构思分镜头。简单来讲，在确定了创意和主题后，你应对自己要完成的作品有一个框架性的概念，即作品可以分成几个部分，每个部分中的舞台元素有什么内容及它们是如何运动的。我们需要通过绘制草图的方式把整个作品简单地演绎一遍，这样做除了可以继续对创作和设计进行调整，也能为后续的制作提供重要信息。

分镜头源于影视和动画行业，主要目的是将剧本和情节发展以图文的方式罗列出来。分镜头一般包括景别、镜头运动、色彩、对白和配音等。构思分镜头的主要目的是将具体的影片剧本和舞台内容具体化，定稿的分镜头脚本将是拍摄过程中的执行参考。

在 MG 作品中，需要对传统的分镜头做一些改动以适应 MG 这种创作形式。MG 的转场区别于传统的影视动画，镜头切换较少，单一镜头实质上是一个很长的镜头，传统分镜头不再适合呈现动画的内容。因此，这里调整为以运动对象的变化过程为划分标准，使用草图来表现舞台元素、运动过程变化和镜头切换等基本内容。

◎ 手机入场

在前面的构思中，笔者希望使用手机来呈现 MGman 所传达的信息，所以第 1 部分是手机的入场。让简单的图形逐渐变为手机屏幕，然后开始呈现内容，即出现一个对话列表的页面，如图 3-46 所示。

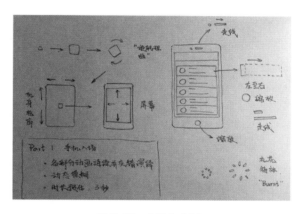

图 3-46　分镜头（1）

◎ 对话列表

将手机屏幕放大后，单击对话列表的最后一项，头像变大，然后出现 MGman 的形象，脸部表情浮现，开始发送消息，随后出现完整的对话列表，手机和消息列表的界面退场并转换到对话场景。这个过程主要是由 MGman 和一个虚拟的聊天对象进行对话，如图 3-47 所示。

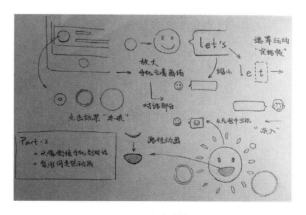

图 3-47　分镜头（2）

对话过程中出现文字，并伴随动态表情的变化。由 MGman 发送曾经制作的 MG 视频给聊天对象，通过单击这个视频完成第 2 部分的转场。

对话中出现的文字

MGman：Let's paly MG for fun.

虚拟聊天对象：OK!

MGman：(smell face)

虚拟聊天对象：Wow ~ Cool!!

MGman：I have a gift for you.

MGman：(video)

◎ MG 连续

播放曾经制作的案例"Day and Night"，在最后将云朵转换为 3 个圆点，通过移动和扩散将其转换为案例"闪光水母"中的 3 个水母，随着水母的游动，带起了浮尘粒子。

如图 3-48 所示，水母游动后，浮尘转场变为白屏，融入 MG 的走线动画，将其缩小后装入信封并发送出去。这是对案例"欢迎开始学习 MG"的素材源文件进行延伸后的效果。

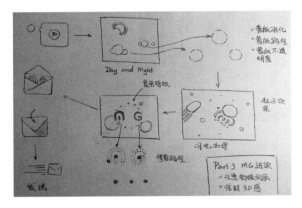

图 3-48　分镜头（3）

◎ 感谢 MG

信封发送后被接收，如图 3-49 所示。此人就是和 MGman 聊天的虚拟对象，他收到了 MGman 发送的信封，镜头拉向他的笑脸并以他的嘴巴作为转场，之后淡入 MG，完整显示 Motion Graphics，下方继续淡入 Thanks for your reading。最后增加走线特效，全片结束。

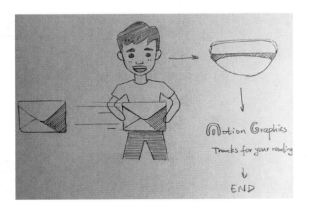

图 3-49　分镜头（4）

3.3.4 角色设计与原画绘制

传统动画创作流程中的角色会在剧本和故事定稿之后才开始设计，在角色设计定稿后再进行原画的绘制。角色设计的重点在于根据故事背景和角色性格、身份设定等设计出与之相匹配的形象，让故事中的角色演绎更加出彩。

原画设计的概念最早来源于动画领域，从狭义概念上讲，特指日本动画，因为这个词是从日文翻译来的。原画设计是分镜头流程之后的一个重要部分，根据分镜头所表达的角色动作要求，原画师将角色运动过程中最主要的部分（一张或者几张）绘制出来。用我们现在的技术语言来理解，原画就是"关键帧"，原画的质量会影响动画的整体质量。

在 MG 创作中，角色设计和原画绘制类似前面讲到的静态设计。在讲解入门案例时，笔者给大家提供了制作好的素材，素材经过调整后可用于制作关键帧动画，如图 3-50 和图 3-51 所示。

图 3-50　角色设计与原画绘制——手机

图 3-51　角色设计与原画绘制——动态表情

在本次的案例创作中，我们需要制作的静态设计主要包括手机、MGman 表情和虚拟聊天对象的角色。其中手机和 MGman 表情的制作过程比较简单，只需要绘制虚拟聊天对象的角色，使用的软件是 Illustrator，如图 3-52 所示。

图 3-52　角色设计与原画绘制——虚拟聊天对象

3.3.5 动画制作

动画制作就是在静态素材和分镜头草稿的基础上，将动画效果制作出来的实践活动。很多初学者学习 MG 制作，只看重动画制作的部分，却忽视了前面几个非常重要的步骤。长此以往，学习者会陷入创作能力低下，只能临摹别人的作品的状态中。如果你认真对待 MG 创作，并且到了动画制作这个阶段，多半是基于自己的能力积累。

动画制作过程中需要考虑的主要问题是平衡实际效果和制作成本之间的关系。简单来讲，要完成一个预想的效果，可以用不止一种方案，根据制作经验选择最高效的方法来制作才是最重要的。结合上一次临摹案例的情况，这里为大家总结了一些创作 MG 的建议和方法。

◎ 单图层的容纳度

在 After Effects 中，最常用的图层是形状图层。形状图层的功能非常完善，在一个形状图层中，你可以任意添加不同的组件，并且能分组区隔而互不影响。形状图层样式不同，动画效果也相互独立。在单图层中容纳足够多的元素和动画是节省空间的高效做法。

但这并非最完美的方案。在有的情况下，不得不分出很多图层来进行操作。例如，需要使用关联器或者在区分图层特效开关的情况下（如动态模糊），就需要单独分层或是对同一个图层进行拆分来区隔一些效果。这种做法在这次案例制作中应用较多，大家注意观察。

◎ 衔接动画的技巧

衔接动画是一个让人比较头痛的问题，因为它关系设计方案的选择。如果动画衔接处理得好，MG 的流畅度和视觉体验便会大大提升。常用的衔接动画的方法是覆盖衔接物体，尽可能让头尾统一，减少生硬的镜头和画面切换。使用不同的衔接方法其实也是创意的一种方式，需要我们不断思考和尝试。后面的案例制作中会有对这部分内容的讲解。

◎ 确定制作方案

在学习了一些新的制作方案后，就可以开始制作复杂的视觉效果，或是应对一些特殊的动画需求了。但在处理一些简单的视觉效果时，依然可以使用传统的方法。例如，在案例最后一幕，虚拟聊天对象收到了 MGman 发送的信封，它只需要运动手部并且有一个前后位置变化，采用路径动画和遮罩即可实现这种效果。在这种情况下，我们不考虑使用 3D 和骨骼绑定等方式来制作动画。

◎ 工程文件和制作提示

附赠资源中为大家提供了本案例的工程文件和素材文件，大家可以下载作为参考。接下来对制作过程中可能会遇到的问题进行单独讲解。

※ 手机部分

手机入场时，给旋转部分添加了"扭转"效果，该效果位于形状图层展开后"内容"右侧的"添加"选项里。手机的退场是将一部分入场动画复制并拆分，执行"图层＞时间＞时间反向图层"命令，并将屏幕部分放大，如图3-53所示。

图 3-53 动画制作——手机部分

※ 对话部分

对话的开始部分使用头像做衔接，因此"对话1"中的第1句话和手机退场部分的最后一个列表头像是重叠的。镜头缩放效果使用的是关联器和图层缩放，并未使用摄像机。

如图3-54所示，文字推进效果使用轨道遮罩来移动位置，将关键帧转化成定格关键帧。动态表情运用路径动画来制作，其余的一些特效运用的是上一个临摹案例中所讲到的知识点。

图 3-54 动画制作——文字遮罩

※ MG 连续

播放"Day and Night"，笔者把夜云图层单独拿出来做了转场预合成，对蒙版进行了"羽化"和"扩展"，并降低了图层的不透明度，以呈现出飘散的效果。这里需要配合运动曲线来制作，因此应注意对节奏感的把握，具体参数可参考图3-55进行调整。

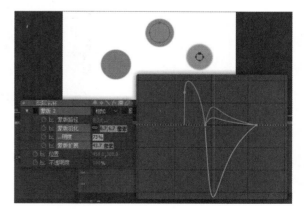

图 3-55 动画制作——夜云转场

转场后续接"闪光水母"案例，这里运用了 Particular 插件。这个插件是 Trapcode 系列插件中的一个，下载完整安装包即可全套安装，操作比较简单。本次案例用到的是 Particular 粒子效果，设置也很简单。

新建一个纯色图层，并对其应用 Particular 粒子效果。这时效果面板看起来非常复杂，单击 Effect Builder 按钮会出现一个可视化的快捷设置窗口，通过调整各个选项来定义粒子类型，完成后单击 Apply 按钮，如图 3-56 所示。

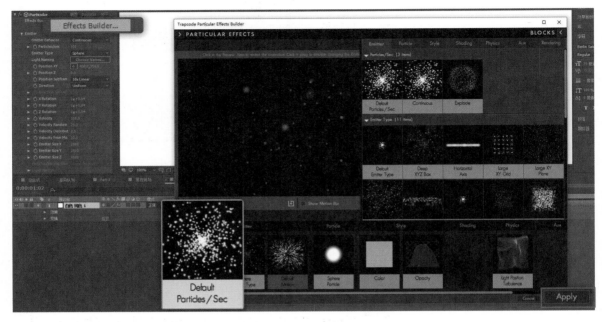

图 3-56　动画制作——Particular 粒子效果

工程文件中保留了粒子插件的各个选项的设置结果，大家可以参考调整，也可以调试不一样的效果。粒子效果是随机演绎的，各项细节的参数设置不同，会产生不同的视觉感受。在转场部分，笔者对效果的"Particle"属性组中的"Size"属性做了关键帧动画，通过放大粒子堆叠出变亮的过程，如图 3-57 所示。

图 3-57　动画制作——粒子转场

※　发送 MG 信封

上一幕转场完毕后，会出现一个 MG 的走线动画和装入信封发送出去的效果。MG 的动画非常基础，此处不再详细讲解。信封的动画效果参考了谷歌的 Inbox 的启动动画。信封的创建使用了形状图层，投影效果使用的是"梯度渐变"和"投影"，这些效果都可以在预设中搜索到。变色的翻盖效果运用了轨道遮罩和 3D 图层属性的"Y 轴旋转"，翻盖过程中的投影变化是一个路径运动，如图 3-58 所示。

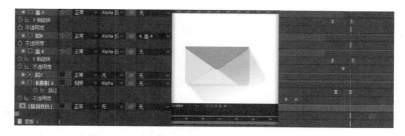

图 3-58　动画制作——信封变色翻盖

这里做的一些动画效果是对已有知识的灵活运用，大家可以利用这个训练的机会，巩固前面学到的知识。

如图 3-59 所示，MG 作品的最后一幕相对比较简单，不需要用复杂的制作方法，且运用的是上次案例中所讲到的一些知识。

图 3-59　动画制作——结束文案

3.3.6　优化与调整

动画制作完成之后，需要反复预览整体效果，找到瑕疵并进行优化。在优化调整过程中可能会改变图层结构，甚至改变一部分效果。每个人具体的制作情况各有不同，这里介绍几个在优化调整过程中会经常遇到的问题及相应的解决方法。

◎　调整动画速度

如果是作品整体速度的问题，可以对内容进行预合成，并执行"图层 > 时间 > 时间伸缩"菜单命令来解决。如果是细节问题，则需要耐心地展开对应关键帧来调整，并在调整后继续对前后衔接的内容进行微调，这个过程比较耗费时间。

◎　调整动画衔接

在制作动画效果的过程中，可能会涉及前后衔接的问题，一旦安排和考虑不周，就会在调整其他内容时打乱衔接的节奏，出现穿帮的情况。这时需要根据实际情况灵活调整，一般会把衔接内容单独提出来，再配合前后内容进行调整。

如果对动画衔接的方式不满意，要更换制作方案，需要回到分镜头的流程里重新设计，可以参考其他 MG 作品在同类情况下的处理方法进行调整。

◎ 合理运用曲线、表达式和插件

每一幕动画都有重点内容，但并不是每一个属性动画都需要对运动曲线进行调整，或者必须添加表达式。在本案例中，运动曲线只在一部分关键的运动内容中有所使用，表达式控制用到了 Mograph Motion v2.0 插件中的弹性效果 EXCITE。当运动画面比较复杂并且视觉层次混乱时，就需要考虑是否增加了很多不必要的运动细节。适当舍弃一些不必要的细节，能够凸显舞台主体，并把观者的注意力集中到最关键的信息上。

◎ 舍弃一些不成熟的想法

在动画制作后期，一些预想的制作方案会出现并非自己想要的效果，或者与其他内容搭配不佳。这时为了整体效果需要做出调整，甚至要对一些内容进行整体舍弃并重新设计。

小结

现在你已经具备了一定的基础能力，并通过一些进阶训练能够完成简单的 MG 作品创作。这是一个阶段性的成果，恭喜你坚持到这里。学习的过程就是遇到问题和解决问题的过程，可以对一些在前面学习中觉得比较难的案例进行反复训练，不要盲目追求一次训练就能达到满意的效果。在这里针对本章所讲的知识点进行汇总。

本章的内容是对前一章入门知识的巩固： 在第 2 章中完整地讲解了 After Effects 的入门知识，介绍了软件的使用方法和技巧。从本章开始，很多内容没有重复介绍，甚至省去了视频讲解。学习本章案例感觉到吃力的读者，需要回到第 2 章继续学习。

制作案例综合运用了本章的知识： 本章花了一些篇幅在理论知识的讲解上，可能读者读起来会觉得比较乏味。这些内容不必一次性读完，可以过一段时间接着来读，在最终的案例制作中，也在一定程度上运用了这些知识。通过本章的学习，读者得到的是从技巧到思维的进阶。

灵活运用知识： 随着对软件学习的深入，我们接触的知识点和技巧越来越具有难度和综合性，这时就容易忽视一些简单的知识点。这并不可取，在很多时候我们依然会使用最简单的技巧，因为使用复杂的功能处理一个很简单的需求是非常低效的。运用任何一种技巧，都要基于实际需要来选择。

没有耐心是无法创作 MG 的： 区别于静态设计，动态图形制作在很多时候要复杂得多，并且在层次的堆叠关系上，需要我们动态处理不同时间节点的运动关系，以保证视觉效果的流畅性和精彩度。从用 After Effects 制作 MG 的流程到进阶创作 MG 的流程，都需要进行优化调整。事实上，我们制作的大部分案例在时间允许的情况下都是可以继续优化调整的。

优秀的 MG 作品，总会有很多意想不到的细节，这些细节不一定都是在优化调整的过程中产生的，或许在最初设计时就考虑过。无论哪一种情况，制作优良的细节都需要很多耐心，从构思到实践的过程也是如此。

第 4 章

进阶 MG 案例的制作

MG 作为一项综合的创作艺术，需要设计师具备多种能力。在前面的章节中我们不仅学习了软件操作技巧，还学习了很多理论知识和思维方法，这些内容都是制作 MG 所必需的。在一切准备就绪之后，本章会通过几个实践案例来提升大家的 MG 制作水平。

阅读提示：本章由操作案例构成，在制作过程中对新的知识点会重点讲解，大家可以根据自己的学习情况进行练习。如果遇到困难可以回顾前面所学内容，或者参与社群讨论以获得帮助。

4.1 App 动态引导页

很多智能手机上的 App 不仅有漂亮的界面和实用的功能，还会在第 1 次启动的时候播放动态引导页面来介绍产品的功能和特色，引导用户更快地熟悉操作。作为 UI 设计师，在设计 App 的过程中会接触到启动页面和引导页面的设计，那么如何对动态引导页面进行设计？如何制作出动态引导页面的效果图？本节将带领大家解决上述问题并完成一组运动类 App 动态引导页面的设计。最终完成的画面效果如图 4-1 所示。

图 4-1　运动类 App 动态引导页面

扫描二维码

查看案例最终效果

4.1.1 基本分析与设计思路

看完案例的最终效果后，我们发现这个引导页面的动画由 3 个页面构成，实际上页面和背景是不运动的，页面内容在持续切换，并且每一页都有核心动效。这个案例的制作难度并不高，综合运用学过的知识便可完成。这个案例中也用到了一些之前我们没讲过的知识，在步骤讲解过程中，笔者会详细介绍这些内容。

◎ 动效分析

页面 1： 第 1 个页面有速度仪表盘充能的动效，数字从 0 开始往上走，还有一些常规的文字和图片平移的效果，核心动效主要集中在仪表盘部分。

页面 2： 第 2 个页面主要是速度曲线的运动，同样也有步数的动态变化，核心动效是速度曲线和步数计数的效果。

页面 3： 第 3 个页面是下落的太阳和时间变化的动效，运用的核心动效是前面案例中讲过的效果，操作很简单。

4.1.2 制作过程

◎ 场景拆分与素材导入

启动 Photoshop，打开素材文件，素材文件中对 3 个页面使用图层组进行分隔，对应的元素均放入了各自图层组中，公用元素为屏幕和背景图层。将素材文件导入 After Effects 中，图层组作为合成存在，双击进入合成可看到各个图层。After Effects 对素材文件中的一些效果是无法编辑的，仅可查看。所以有些内容实际上需要在 After Effects 中重新绘制，特别是用于核心效果的部分内容。

打开 After Effects 软件，新建一个合成，命名为"总合成"。设置"宽度"为 800 像素，"高度"为 600 像素，"帧速率"为 25 帧 / 秒，"持续时间"为 12 秒。新建完成后将素材文件导入"项目"面板中，选项设置如图 4-2 所示。

将"项目"面板中的素材文件合成拖入"时间轴"面板中，可以在"合成"面板中看到图像，但页面 1 的表盘并没有正常显示。依次双击各层级的合成"资源文件 > 页面 1> 表盘"，展开两个椭圆图层。形状图层以蒙版的形式存在，将"椭圆 1"蒙版的叠加方式改为"相减"，这样就能看到图形了，如图 4-3 所示。

图 4-2　导入素材

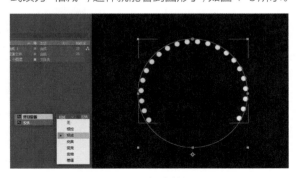

图 4-3　调整蒙版

After Effects 中对 Photoshop 形状图层的处理采用的是一种近似反向的思路。遇到这种情况，我们可以通过改变蒙版叠加方式恢复其原本的效果。

另外，After Effects 对 Photoshop 中的剪切蒙版显示为一种特殊的形式。如图 4-4 所示，在"时间轴"面板顶部，轨道遮罩的名称是"TrkMat"，在它左侧可以看到一个字母"T"，将鼠标指针悬停在这个字母上，会显示"保留基础透明度"字样。在字母下方可以看到"棋盘格"图标，在 Photoshop 和 After Effects 中，这都代表图层为透明状态。棋盘格效果显示代表"保留基础透明度"的状态是开启的，这样便能正常显示 Photoshop 中使用了剪切蒙版的图层效果。

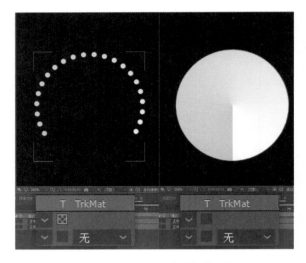

图 4-4　对 Photoshop 中剪切蒙版的显示

以上是对一些知识点的补充，遇到 Photoshop 形状图层时可用上述方式处理。除此之外，都是一些比较常见的情况，对于没有特殊动态效果的图层，可以直接添加简单的动态效果，如为每一页的固定标题文字添加平移效果。关于场景拆分，实际上在静态文件中已经做得差不多了，接下来需要在总合成中按顺序制作每个页面的动态效果，最后再将制作好的各个页面打包为预合成，直至完成整个案例。

◎ 页面 1 的仪表盘充能

参考素材文件中的仪表盘，绘制一个圆形，设置宽度为 180 像素，高度为 180 像素，命名为"渐变"。将"填充"关闭，将原本的"描边"删除，并添加一个"渐变描边"效果，色值范围从 #FFD75C 过渡到 #FFFFFF，"不透明度"均为 100%。最后再添加"虚线"属性，"虚线"设置为 1.0，"间隙"设置为 15.0，所有参数设置如图 4-5 所示。

图 4-5　绘制仪表盘

添加"修剪路径"，还原静态文件的效果。将"结束"属性值设置为74.4%，"偏移"属性值设置为0x-133.0°，如图4-6所示。

接下来需要绘制一个浅色的圆形，进一步丰富整体的视觉效果。把"渐变"这个圆形复制一次，重命名为"半透明"，然后修改"渐变描边"的颜色，将渐变两端的色值都改为白色（#FFFFFF），"不透明度"改为100%，并将该对象"变换"属性下的"不透明度"调整为10%（此处不记录关键帧）。

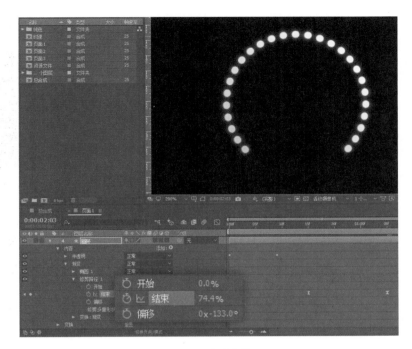

图4-6　修剪路径

进一步增加视觉层次，给图层添加"外发光"效果。设置色值为#FFBF50，"不透明度"为50%，"大小"为7.0，参数设置如图4-7所示。

图4-7　添加外发光效果

在动效方面，将"半透明"圆环的"不透明度"从0%调整到10%，将"渐变"圆环的"修剪路径"的"结束"属性值从0%变为44.4%。将图层样式的"外发光"的"不透明度"属性值与"渐变"圆环的"结束"属性值都从0%变为50%，可参考运动曲线进行调整，如图4-8所示。

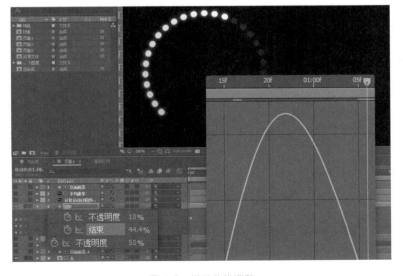

图4-8　运动曲线调整

◎ 页面 1 的数字动效

页面 1 的数字动效使用到文本特效，把两个数字分开制作。使用文字工具输入"0"和"9"，并安排好其位置。选中文字图层"9"，执行"效果 > 文本 > 编号"菜单命令，对"字体"和"样式"进行设置，保持和创建文字图层的时候一致。在此案例中，文字"字体"选择 Microsoft YaHei，"样式"为 Bold，如图 4-9 所示。

图 4-9　文字样式设置

在效果面板中继续调整参数，将"数值 / 位移 / 随机最大"的数值设置为 0.00，并记录关键帧。设置"小数位数"为 0，"填充颜色"的色值为 #E4FBFF，"大小"为 60.0，如图 4-10 所示。

动效方面需要把"数值 / 位移 / 随机最大"的数值从 0.00 调至 9.00，设置持续时长为 0.5 秒左右，使其与仪表充能的动效大致在一个节奏上。

图 4-10　效果调整

完成后，为"0"和"9"两个文字图层创建一个预合成，命名为"时速"，并添加"外发光"效果，匹配整体画面的节奏感，控制"不透明度"属性，完成微弱的发光效果。"km/h"文字图层使用"不透明度"属性调整淡入效果即可。

下方的人物和标题没有复杂的动态效果，可沿用素材文件中的图层效果，在上面调整"不透明度"和"位置"的属性。注意轨道遮罩的使用，这些知识前面讲过，详细参数可以参考工程文件。

页面动效完成后需要将图层打包为一个预合成，命名为"页面 1"。绘制一个和"屏幕"图层一样大小的形状，使其成为"页面 1"图层的轨道遮罩。"页面 1"图层中的动效播放完毕后，对它设置位置动画，使其从屏幕左侧退场，同时开启运动模糊效果，如图 4-11 所示。

图 4-11　页面预合成

◎ 轮播圆点与页面跳转

轮播圆点是单独绘制的，新建形状图层，命名为"轮播圆点"。绘制一个圆角矩形，宽度为 8.0 像素，高度为 8.0 像素，"圆度"为 4.0 像素，使用快捷键复制出 3 份，并调整每一个矩形的位置。

轮播圆点的动画将圆角矩形的宽度属性从 8.0 像素调整到 16.0 像素，再恢复到 8.0 像素，如图 4-12 所示。轮播的动效和翻页动画是同步的，建立关键帧的时候需要和页面退出节奏一致。轮播圆点一共需要制作两组动画。

图 4-12　轮播圆点动画设置

◎ 页面 2 的核心动效

新建形状图层，命名为"走线"。使用钢笔工具绘制一条曲线，为其添加"渐变描边"属性，颜色从 #75DAFF 过渡到 #E6FBFF，"描边宽度"为 9.0 像素。动效是使用修剪路径完成的，调整"结束"属性的变化来实现线条运动。这里提供了运动曲线可参考，如图 4-13 所示。

给"走线"添加"图层发光"效果，设置色值为 #6CE9FF。

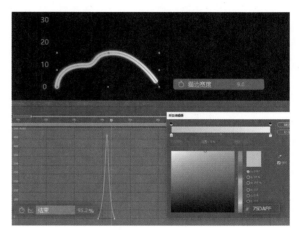

图 4-13　运动曲线

◎ 投影效果

跟随"走线"动画的运动节奏会出现一个投影效果，素材文件中的图层可直接利用。新建一个形状图层，命名为"投影遮罩"。简单绘制一个可以覆盖投影图层的矩形，将其设置为"投影"图层的"Alpha 反转遮罩"。调整该遮罩图层的"位置"属性，即可完成该效果，如图 4-14 所示。需要注意的是，要配合"走线"动画的运动来调整运动曲线。

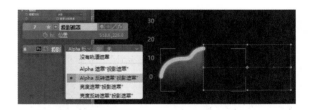

图 4-14　投影遮罩设置

◎ 页面 2 其他元素的动态效果

步数的变化是从 0 到 23577。按照页面 1 的数字动效的制作方法可以完成这部分动效制作，具体请参考工程文件。

其他元素的动态效果均是通过常规变换属性的搭配与组合完成的，"位置"和"不透明度"的变化可以参考最终完成的动画效果，并配合图 4-15 所示关键帧分布调整整体的动画节奏。

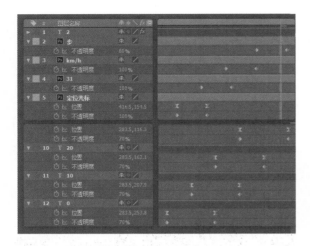

图 4-15 其他元素动效的关键帧设置

◎ 页面 3 的时间数字制作

页面 3 的时间数字运用了"编号"的特效，根据这个特效的特性，我们用了一些技巧。这个部分一共包含 5 个图层，在表示小时的位置上，"0"是固定的，创建好之后不需要改变；数字"6"的位置运用了"编号"特效。"50"的部分是从"00"开始的，所以需要两个图层，其中前面的"0"和后面的"0"一样，属于固定内容。但分钟的数字从"0"到"50"的过程会出现进位的情况，需要在这个位置将分钟的数字位置用"0"隐藏，如图 4-16 所示。

图 4-16　时间数字的动效处理

时间分隔号通过不透明度变化的方式来调节闪烁，这里使用了定格关键帧。选择关键帧并单击鼠标右键，选择"切换定格关键帧"。这种关键帧不再与普通关键帧一样具备自动过渡的效果，而是在时间线走到下一个定格关键帧之前依然保持上一个关键帧的运动状态，如图 4-17 所示。

图 4-17　切换定格关键帧

这个案例可能需要花费很多时间调整到和完成文件近似的效果。除了运动曲线，每一个动效的时间长短及先后穿插的节奏也需要花费大量的时间去调整。

案例小结

本小节案例最主要的目的是让大家再次综合运用前面所学的知识，熟悉操作，并且思考运动节奏不同时人的视觉感受的变化。学会这些基本知识，就可以完成很多 App 的引导页动态效果的制作了。

4.2 一只奔跑的小猫

在一些设计网站中，我们有时会看到一些关于动物和人的 MG 作品，它们是循环播放的，连贯性很好。这种短小的 MG 作品，相信大家也很有兴趣想要知道是怎么制作的。实际上，有了目前所掌握的知识，我们已经能够制作这类作品了。第 2 章中简单讲过路径动画的知识，以及关于骨骼绑定的插件。这些知识与技巧在 MG 制作中是非常重要的，需要大家熟练掌握。如图 4-18 所示，本节会继续教大家运用路径和骨骼绑定的方式制作动物有规律运动的动画效果。

图 4-18　动画效果

扫描二维码

查看案例最终效果

153

4.2.1 基本分析与设计思路

这是一个循环播放的动画,小猫的运动方式比较简单,只有四肢、尾巴的动作,还有少量的特效。这个案例在技术上没有难点,但是需要一些技巧提高制作效率。本案例的效果仅使用第 2 章水母案例中的知识点就可以完成,大家也可以使用工程文件中提供的素材来尝试完成本案例。

◎ 动效分析

小猫的动作: 小猫的动作主要是跳跃式奔跑,四肢有一定程度的弯曲,尾巴摆动,以及头部的一些细节(如耳朵、胡须、嘴巴等)。

特效与转场: 跟随小猫运动的是圆圈特效和放射线特效,以及背景切换。这些可以使用插件快速创建。

4.2.2 制作过程

◎ 创建合成,导入文件

新建一个合成,命名为"总合成"。设置"宽度"为 800 像素,"高度"为 600 像素,"帧速率"为 25 帧/秒,"持续时间"为 12.01 秒。建立好合成后注意转换时间的显示方式,可以按住 Ctrl 键(Windows)或 Command 键(macOS)并单击图层面板左上角显示时间的区域,将其切换为帧的显示方式。打开"合成设置"对话框,可以看到"持续时间"已经变为 00301,如图 4-19 所示。

将 PSD 格式的素材文件拖入"项目"面板中,调整导入选项,保留编辑度。导入素材文件时会自动创建一个同名的合成,双击进入合成后可以看到两种配色的小猫分别处于不同合成中(即原本的两个图层组),将黑色的猫复制后粘贴到总合成中。

图 4-19 合成设置

之后再创建两个纯色图层 [快捷键是 Ctrl+Y（Windows）或 Command+Y（macOS）]，色值分别为 #AFDAFF 和 #FFEECC，如图 4-20 所示。

图 4-20　创建纯色图层

◎ 创建操控点，绑定骨骼

对每个图层的锚点进行调整，将关节点拖曳至符合运动规律的位置即可，具体可以参考工程文件，然后为涉及运动的身体图层创建操控点并绑定骨骼。给尾巴创建 4 个操控点，给四肢创建 3 个操控点，参考图 4-21 针对需要的图层进行创建。为每个操控点命名，合理的命名可以避免在骨骼绑定过程中由名称重复导致表达式报错。

图 4-21　创建操控点

打开 Duik 插件，安装完毕后会位于菜单栏的"窗口"下，勾选出来即可。选中创建过操控点的图层并点击 Duik 插件中的骨骼图标，即可自动创建骨骼对象。它和操控点同名，并且位于对应图层的上方。待全部骨骼创建完毕后，需要使用关联器将它们的父子级关系建立好，如图 4-22 所示。

图 4-22　创建并关联骨骼

需要注意四肢和身体的关联关系，把"脑袋"合成从原本的位置复制到黑猫的合成中，让头部关联到身体。

◎ 制作奔跑动画

选中"身体"的骨骼对象，对其"位置"属性记录关键帧（快捷键是 P）。在 00000、00012、00015 这 3 个点记录关键帧，参考图 4-23 调整 00012 帧的"位置"属性，头尾（即 00000 和 00015）不需要做调整，保持一致即可。

图 4-23　调整身体运动

复选所有腿部的骨骼对象（即通过插件创建的空对象），对它们的"位置"和"旋转"属性记录关键帧（快捷键分别是 P 和 R）。在 00000、00012、00015、00027、00030 几个点记录关键帧，效果如图 4-24 所示。

图 4-24　记录关键帧

合理调整各骨骼的"位置"和"旋转"属性，调整 00012、00015、00027 这 3 个帧的运动属性，头尾（即 00000 和 00030）不需要做调整，保持默认设置即可，效果如图 4-25 所示。

图 4-25　调节四肢动作

接下来继续对尾巴记录关键帧，尾巴的运动要简单一些，只需要记录 00000、00015、00030 这 3 个点的关键帧，并且运动状态只需要修改 00015 帧即可，如图 4-26 所示。

图 4-26　调整尾巴的动作

调整完毕后，为所有记录过关键帧的属性添加表达式。按住 Alt 键（Windows）或 Option 键（macOS）同时单击秒表图标，展开表达式菜单。单击表达式模板图标，选择 Property>loopOut(type="cycle",numKeyframes=0)，之后单击表达式文字区域，进入编辑状态。复制这段表达式，粘贴到其他属性的表达式文字区域内，完成后如图 4-27 所示。

图 4-27　添加表达式

最后对动画曲线进行调整，这个部分需要一些耐心，可以先将关键帧转换为"缓动"关键帧，再进行微调。这里提供最后的调整结果以便大家参考，如图 4-28 所示。

注： 在实际制作过程中，可能会出现效果和案例不一致的情况，多练习和保持耐心是必不可少的。如果效果偏差太多，建议将相关的关键帧全部删除并重新制作，这样效率反而更高。

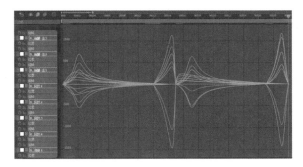

图 4-28　调整运动曲线

◎ 制作头部动画

头部的动画和身体运动是一样的节奏，主要有胡须、嘴巴和耳朵 3 个部分。首先是胡须，胡须的循环动画和身体的是一样的，需要添加表达式。注意使用工具调整每一个胡须的锚点，使锚点靠近嘴巴。关键帧只需要记录"旋转"属性，并且调整 00012 这一帧即可，如图 4-29 所示。

图 4-29　调整胡须

其次是嘴巴，嘴巴是使用 After Effects 中的钢笔工具绘制的。新建一个纯色图层，色值为 #FF8781，然后使用钢笔工具绘制出嘴巴的造型。使用"蒙版路径"属性来调节动画，分别调整 00090 至 00140 及 00259 至 00300 这两组，具体效果可以参考图 4-30。

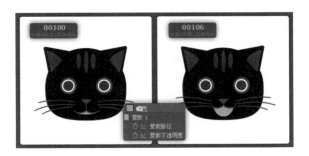

图 4-30　调整嘴巴

最后是耳朵。耳朵也使用了"蒙版路径"。需要调整"脑袋""左耳内""右耳内"这 3 个图层，在 00000、00012、00015 这 3 个点对"蒙版路径"记录关键帧，并在 00012 帧调节 3 个图层的属性，这个过程中可以打开参考线以便对称调节，如图 4-31 所示。由于这个属性并不支持循环表达式，所以需要手动复制这些帧后再粘贴至完整的循环里。

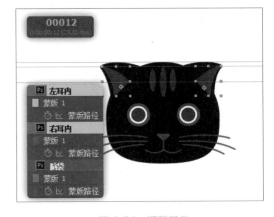

图 4-31　调整耳朵

头部的运动曲线基本是和身体的运动匹配的，可以参考图 4-32 进行批量调节。

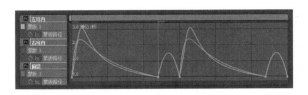

图 4-32　头部运动曲线

注：完成以上制作，核心动效就制作完毕了。对一些细节的调整可以反复进行，本案例在制作过程中也是反复调整了的。相比于用线条路径动画来制作肢体运动，绑定骨骼的优点在于使用"控制器"可以更方便地调整肢体运动，而不会破坏图层原本的属性，也就是说它是可逆的，随时可以删除"控制器"恢复其原本的状态。

◎ 特效制作

特效有两层：第 1 层是手动制作的效果，第 2 层是粒子效果。我们先从简单的说起，第 1 层是在小猫身体周围的泡泡，这个效果仅使用一个形状图层就可以完成。新建一个形状图层，绘制一个圆圈，只留下"描边"的属性，并为其添加一个"位移路径"的图层效果，之后再将这个"位移路径"拖入椭圆的组里即可，效果如图 4-33 所示。

图 4-33　创建泡泡

上面这个特效中需要调节的关键帧主要有椭圆内部的"位置"属性、椭圆内部的"不透明度"属性、"描边宽度"，以及"位移路径"中的"数量"属性。在"00000"的位置将这 4 个关键帧记录下来，然后使用快捷键复制出 5 个椭圆组件，并分别拖曳到不同的位置 [快捷键为 Ctrl+D（ Windows ）或 Command+D（ macOS ）]。色彩可以根据自己的喜好来设置，案例中的色值分别为 #FFE080、#8092FF、#80FFCE、#FF80DA、#FF8080。

最后参考图 4-34 中的关键帧动态设置及运动曲线的设置，批量完成这 5 个圆圈的动画效果，并将它们拖曳成相互交错的状态。

复选这 5 个椭圆组件，再次使用快捷键复制出另外 5 份，总计 10 个椭圆。将它们的关键帧按照不同的节奏排列，10 个椭圆总计时间跨度为 00000 至 00150，刚好是全片时长的一半。之后再把这个图层复制一份，在时间轴上拖曳到后半段，完成这部分的特效制作，效果如图 4-35 所示。

图 4-34　泡泡效果的关键帧和运动曲线

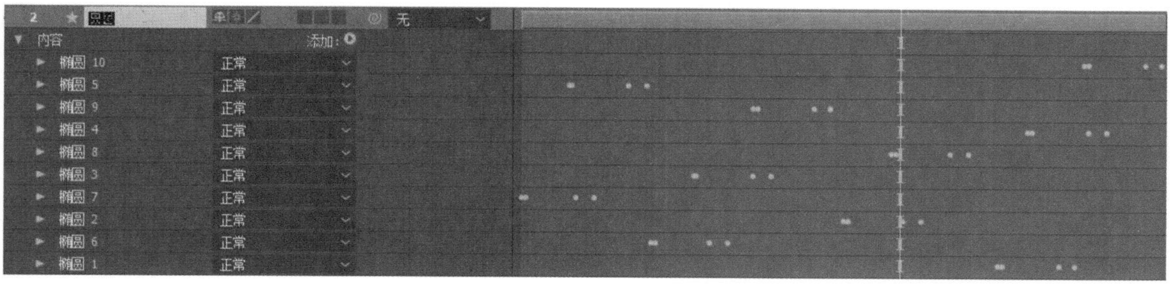

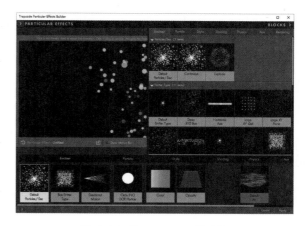

图 4-35 泡泡效果的排列和重复

重复制作时可以使用"启用时间重映射"的方式，并配合循环表达式来完成。这个知识点在前面的水母案例中讲过，大家可以尝试一下。

第 2 层特效用到了 Particular 插件，前面我们简单提过这个插件的使用，可以采用 Builder 的方式通过预设快速创建出来。简单来讲，对下方的每一个选项都可以在右侧拉出的菜单里点选，设置完成后点击右下角的 Apply 按钮即可。这个部分的预设可以参考图 4-36。

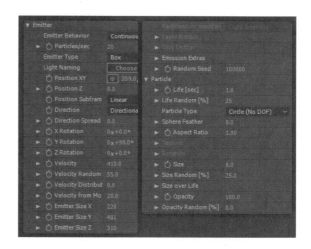

图 4-36 Particular 预设设置

除了预设，几乎所有设置都可以采用传统的"效果控件"的方式来调节各项属性的参数。这里为大家附上效果控件部分的参数，大家参考图 4-37 中的参数设置进行调节，即可达到一样的效果。粒子效果不需要对调节的关键帧做记录，它会按照设置的属性参数并根据算法自动进行发射和演化。

图 4-37 Particular 参数设置

粒子效果的循环需要一点技巧，粒子的发射效果是"从无到有"的，这会影响循环效果，因此需要把这个部分切掉，使用图层拆分即可 [快捷键是 Ctrl+Shift+D（Windows）或 Command+Shift+D（macOS）]。

然后把整个图层的"持续时间"控制在 170 帧，并
且复制一次，与制作泡泡特效的方法一致，只是穿插
起来的部分采用"不透明度"变化的方式进行转场。
两个图层的交界处刚好是 00150 的位置，在小猫切
换颜色的位置进行转换，就不容易穿帮了。具体参数
设置如图 4-38 所示。

图 4-38　特效循环设置

◎ 制作颜色变化

最后要制作的是猫的颜色变化。在这里大家会发现猫的动作其实是一样的，只是对颜色做了切换，切换时
使用的是蒙版。这里如果直接复制黑猫的合成进行换色，会使所有合成中的颜色都被替换，这样就不能实现想
要的效果了。因此，这里采用把保存好的源文件作为素材文件导入合成中的方法。

导入后，这个基于文件的素材包含独立的合成，
把其中的黑色小猫合成拖入"总合成"中，然后再更
改颜色，为每个身体图层添加效果，执行"效果 > 生
成 > 填充"菜单命令，通过更改每一个图层的颜色完
成换色的操作，如图 4-39 所示。

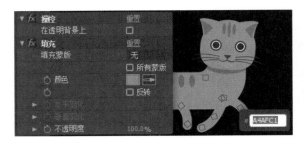

图 4-39　更改颜色

换色之后，回到"总合成"中，对黑猫合成在 00110 帧做拆分，使用工具创建蒙版的方式为黑猫合成创建
一个蒙版，对蒙版进行适度羽化，并于 00100 至 00110 的时间跨度内为"蒙版扩展"属性创建动画，以此完
成从黑猫到灰猫的过渡。同理，在 00260 至 00270 的时间跨度内，对灰猫做同样的操作。

为切换的过程添加两个"Burst"，并制作投影动画，这样全片的效果就制作完成了。

案例小结

这个案例的难点在于调整弹跳的动作，其余的操作都是对已有知识点的运用。连续制作几个这种类
型的动画之后，你会找到比较好的手感，能够做出更生动的视觉效果。完成这个案例后，你会对制作骨
骼动作类型的动画有更加深入的理解。

4.3 一座月中古堡

在一些 MG 作品中，我们经常会看到一些小场景的制作过程，如盖房子或开店铺等。一些小的楼房遵循 MG 的特征，由基本元素搭配和演化而成，动画呈现出规律性运动并相互叠加，视觉信息量很大。这一节笔者将带大家做一个建设月中古堡的案例，这个案例的知识点主要是强化对蒙版和遮罩的运用。如图 4-40 所示，可以看到古堡从地面逐渐盖起来的过程，最后被限定在一轮满月中。

图 4-40 动画效果

扫描二维码

查看案例最终效果

4.3.1 基本分析与设计思路

仔细观察这个案例，你会发现一些相同的建筑结构的建盖过程是类似的，也就是说可以反复利用这些元素，这就是制作此案例的关键。在制定动画方案的时候，我们要有归纳复用的意识。塔楼部分的建盖过程是重复的，二层和三层房屋在建盖时也有部分复用的情况。另外，本案例需要在 After Effects 中绘制静态造型，素材文件仅作为参考，因为直接导入素材文件，属性会出现缺失而无法实现一些核心效果。

核心动效： 本案例的动效为连续演绎的运动状态，在动画上并不是按照时间顺序区分的。运动状态的每一个部分都是相互独立的，如地板、树木、塔楼等，它们均有独立的从诞生到运动完毕的状态，将这些独立的部分根据一定的节奏串联起来，就形成了连贯的效果。

外围效果： 使用蒙版对整个画布限定范围来构成月亮的效果，然后再加上云层的诞生和运动即可。

4.3.2 制作过程

◎ 创建合成，导入文件

新建一个合成，命名为"总合成"。设置"宽度"为 800 像素，"高度"为 600 像素，"帧速率"为 25 帧/秒，"持续时间"为 6 秒。将素材文件导入"项目"面板中，如图 4-41 所示。

导入素材文件后可发现由于资源文件使用了多层剪切蒙版和智能对象，双击后无法进入素材的底层，因此把资源文件作为参考即可。这里需要根据素材文件在 After Effects 中重新绘制用于制作动画效果的各个元素。

图 4-41 导入素材文件

◎ 绘制塔楼

将因为素材导入而自动生成的"资源文件"合成的不透明度降低，并且打开合成中的第 1 座塔楼，将其改为"浮动到窗口"，作为一组参考。创建一个纯色图层，色值为 #D09676，使用形状工具中的矩形工具绘制出塔楼的楼顶，尺寸参考静态文件。楼顶完成后继续使用形状工具中的椭圆工具绘制塔楼顶部的凹陷造型并调整其大小，之后将蒙版的叠加方式切换为"相减"，最后连续复制两次蒙版并将它们放到正确的位置，如图 4-42 所示。

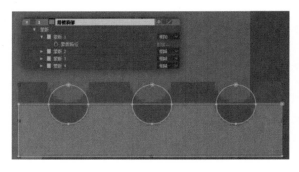

图 4-42 绘制塔楼顶部的凹陷造型

塔楼的主体是一个简单的矩形蒙版，这里不再细述。接下来绘制砖块。砖块也是一组蒙版，是用圆角矩形工具绘制的，同样也要多次复制，然后将它们放到右图所示位置。区别在于这里的图层叠加方式是"相加"，类似 Photoshop 中的"正片叠底"。把图层的"不透明度"降低到 45%，这样砖块的绘制就完成了，如图 4-43 所示。

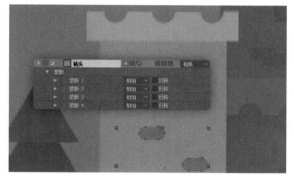

图 4-43　绘制塔楼的砖块

之后是设置塔楼的投影效果。塔楼顶部投射到塔楼主体部分产生了投影效果，还有一些杂色颗粒的效果。这个效果同样使用了绘制砖块的方法，使用"相加"的图层模式，将"蒙版不透明度"设置为 49%，"蒙版羽化"设置为"23.0，23.0"像素，"蒙版扩展"设置为 16.0 像素，如图 4-44 所示。

最后再为塔楼投影增加一个杂色特效，这里我们用的是"杂色 Alpha"。执行"效果 > 杂色和颗粒 > 杂色 Alpha"菜单命令，并将"数量"设置为25.0%。

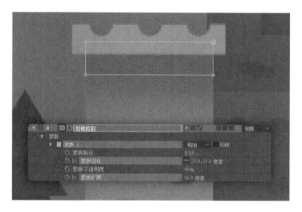

图 4-44　设置塔楼的投影效果

◎ 制作塔楼动画

通过对"蒙版路径"的关键帧进行记录，然后框选蒙版形状的各个锚点并进行拖曳，即可改变属性的参数。制作一个蒙版形状从一侧向另一侧展开的动画效果。塔楼主体是从下往上展开，塔楼顶部是从左向右展开。注意调节动画曲线，运用前面讲过的动画曲线知识，将这两组动画调整为先急后缓的视觉效果。

接下来是塔楼顶部的凹陷动画制作。这里对"蒙版扩展"属性记录关键帧，从"-9.0"到"0.0"的变化，"持续时间"为 5 帧。将 3 个蒙版扩展的动画进行关键帧错位，并且使用快捷键把关键帧设置为"缓动"[快捷键是 F9（Windows）或 Fn+F9（macOS）]。切换到"动画曲线"面板，框选 3组动画的第 2 个关键帧，单击鼠标右键选择"关键帧速度"命令，将"进来速度"改为"5 像素 / 秒"，最后使用 Mograph Motion v2.0 插件的 EXCITE功能，让动画具备弹性效果，如图 4-45 所示。

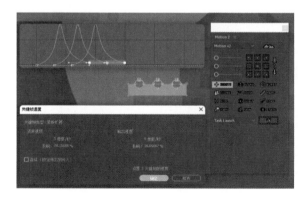

图 4-45　制作塔楼顶部的凹陷动画

砖头的动画制作方法同塔楼顶部的凹陷动画制作方法一样，都是为"蒙版扩展"创建关键帧动画。要注意前后节奏的变化，动画曲线变为"缓动"，再附加弹性效果"EXCITE"。

最后是塔楼投影的动画制作，这部分内容实际上只需要为"杂色 Alpha"的"数量"属性添加从 0.0% 到 25.0% 的动画即可。工程文件中对"蒙版路径"也做了一些动画效果，但从最终效果来看，并不是很明显，所以大家可以灵活运用。

完成以上所有塔楼的动画制作后，对这部分动画所涉及的图层进行预合成，并将预合成命名为"塔楼左"。

注：这样就做好一组塔楼的建盖动画了，这组动画和动画中的一些组件可以复用到其他动画中。例如，右侧的塔楼可以直接复制使用左侧的，这样一方面保证了效果统一，另一方面可提高制作效率。

◎ 制作外墙动画

外墙动画的主体和塔楼动画的主体是一致的，但是不能直接复用。所以这个部分的绘制可参照塔楼的绘制和动画制作来进行，也可以到"塔楼左"预合成中进行元素的复制，如复制砖头和凹陷部分。直接复制带有动画的图层会把动画效果一同复制过来，从而节省不少时间。下面主要讲解城门的绘制与动画调节。

城门由 3 个部分构成，即城门、外框和栅栏。新建形状图层，命名为"城门"。绘制一个圆角矩形，展开图层的"内容"层级，填充色值为 #58463C。把这个位于"内容"层级中的圆角矩形重命名为"城门"，之后将其复制一份，重命名为"外框"。把"填充"关闭，打开"描边"，设置色值为 #D0A184。将作为城门外框的圆角矩形转换为"贝塞尔曲线路径"，并为其添加修剪路径。

"城门"的动画效果为弹性缩放，参考塔楼顶部凹陷动画和砖块动画的制作方法即可。城门外框是用"修剪路径"来制作"走线"动画的，但此时调节"修剪路径"的属性会发现起点位置并不是我们想要的，所以需要对其进行调整。

由于这个圆角矩形已经转换为"贝塞尔曲线路径"，属性已经发生了改变，仅有"路径"这一项。选中"路径"属性，并框选图 4-46 所示曲线锚点，这时候单击鼠标右键，选择"蒙版和形状路径 > 设置第 1 个顶点"，这样便完成了"走线"动画起点的更改。

图 4-46　城门外框的顶点设置

"城门"的"栅栏"需要新建一个形状图层，使用钢笔工具绘制线条（使用钢笔工具绘制的线条为"贝塞尔曲线路径"，不需要再进行转换），绘制完成后复制一次"城门"图层作为"栅栏"的轨道遮罩，但此时会发现"栅栏"超出了想要的范围。若把"外框"图层拖曳至上方，也会在"外框"动画的过程中看到超出范围的"栅栏"，这样的视觉效果并非最佳，需要增加一个细节性的操作，把作为轨道遮罩的"城门"图层的范围缩小。展开"城门"属性中的"比例"，将这个属性的值调整为"96.0，96.0%"，如图 4-47 所示。

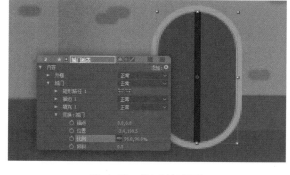

图 4-47　绘制城门栅栏

绘制完成后，为每一根栅栏添加一个"修剪路径"属性。可以使用快捷键复制后拖曳到每一个栅栏的线条层级中 [快捷键是 Ctrl+D（Windows）或 Command+D（macOS）]。"修剪路径"动画的持续时间为 0.5 秒，把栅栏的关键帧通过拖曳形成先后关系，如图 4-48 所示。

完成外墙动画的制作后，要对动画涉及的图层进行预合成操作，并将预合成命名为"外墙"。

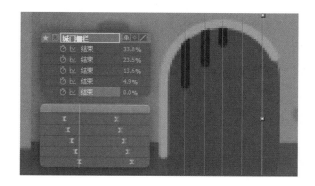

图 4-48　城门栅栏动画调节

注: 所有的城堡组建动画都可以从 0 帧开始做，制作完成后对图层进行预合成操作，届时再对这些部分进行前后关系的调整即可。

◎ 制作二层房屋动画

二层的主体是一个传统尖顶式的房屋结构，这部分的动画制作比较简单，只是对屋顶的处理有一些不同。先新建一个纯色图层，并使用蒙版工具绘制一个房屋主体的矩形结构，随后使用钢笔工具在矩形顶部的水平居中位置增加一个锚点，如图 4-49 所示。

图 4-49　绘制二层房屋墙面

这里需要先把房屋墙面的动画制作出来，房屋从地面升起的持续时间为 8 帧，房屋的尖顶立起持续时间为 5 帧，同样保持先急后缓的动画节奏。房屋的尖顶立起后需要绘制屋顶，创建一个形状图层，使用钢笔工具绘制屋顶形状。屋顶要以墙面顶部的三角形作为参照来绘制，因此需要先把上一部分的动画制作完成。

屋顶的绘制可参照图 4-50 所示方式为头尾两端补充一条线段，并且将端点向内收起来，这样便可还原静态设计的效果。

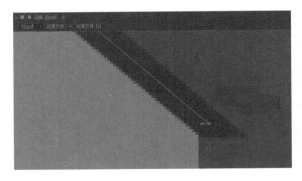

图 4-50 屋顶的绘制技巧

屋顶的动画效果是通过添加"修剪路径"来完成的"走线"动画，这部分的制作并没有难度。屋顶投影的制作方法是复制一次"屋顶"图层，为其添加"高斯模糊"效果，设置"模糊度"为 29.7，复制"房屋墙面"图层作为它的轨道遮罩。之后将这两个图层进行预合成并命名为"屋顶投影"，如图 4-51 所示。最后为这个预合成添加"杂色 Alpha"效果，设置"数量"为 15.0%。

图 4-51 制作屋顶投影

房屋的大门直接复制外墙的城门进行修改即可，把其中的"城门"也转换为"贝塞尔曲线路径"，然后通过选中"路径"属性，对大门的形状进行拉长，保留"城门"的动画效果。窗户可以通过将素材文件切图后导入，这样做更快速，如图 4-52 所示。

图 4-52 导入窗户切图

屋顶的红色圆形和窗户的动画均为弹性缩放效果，可参考前面完成的类似动画效果进行制作。

◎ 制作剩余塔楼、地面和树木动画

剩余塔楼：最高的塔楼的尖顶是将三角形的顶部锚点进行了"路径"属性的变化。

地面：地面和塔楼主体结构采用同样的制作方式，两个色值分别为 #0F2D38 和 #724A34。

树木：树木采用的是导入树叶造型的切图素材，参考二层窗户，使用弹性缩放方案来完成。

其余部分没有太多需要注意的，基于前面讲解的
动画效果，可以将完成的内容效果复用到顶部的塔楼
动画制作中。将所有单体内容制作完成，并将其预合
成为独立的部分之后再进行前后关系的排列，这样就
完成了核心效果的制作。动画的前后关系与节奏可以
参考图 4-53 所示设置。

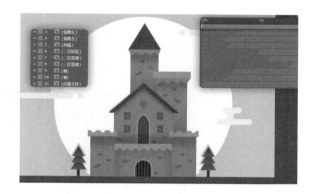

图 4-53　各部分组件的动画节奏设置

◎ 制作满月和背景效果

创建一个纯色图层，填充色值为 #FFFCD8，拖曳图层至城堡相关图层的底部，然后包含这个纯色图层
在内，将所有与城堡相关的图层与预合成选中，再进行一次预合成，并命名为"城堡"。使用椭圆工具为这个
预合成创建一个正圆形的蒙版，在绘制的过程中使用快捷键可以从合成中心点开始拉伸出圆的形状 [快捷键为
Ctrl+Alt+Shift（Windows）或 Command+Option+Shift（macOS）]。把圆形蒙版的大小调整为超过整个
合成的大小，然后把这个蒙版的"蒙版扩展"属性调整为负值，工程文件中的"设置"为 –237.0，"持续时间"
为 7 帧，运动曲线统一调整为先急后缓，效果如图 4-54 所示。

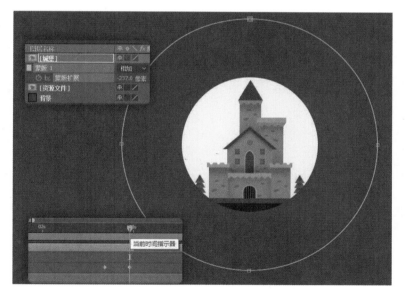

图 4-54　制作满月遮罩动画

满月效果通过蒙版动画制作完成之后，需要再为满月添加一个带有杂色效果的投影。创建一个纯色图层，
命名为"杂色投影"，填充色值为 #40AAEC。选中"城堡"预合成的"蒙版"（不需要展开），使用快捷键
复制它 [快捷键为 Ctrl+C（Windows）或 Command+C（macOS）]。然后选中图层"杂色投影"，使用快
捷键将蒙版粘贴到新建的纯色图层中 [快捷键为 Ctrl+V（Windows）或 Command+V（macOS）]。

为图层的"杂色投影"添加"杂色 Alpha"效果，设置"数量"属性值为 45.0%。这个投影效果的展开动画所调节的是蒙版里的"蒙版羽化"属性，由"0.0,0.0"调节到"88.0,88.0"，持续时间为 11 帧，如图 4-55 所示。

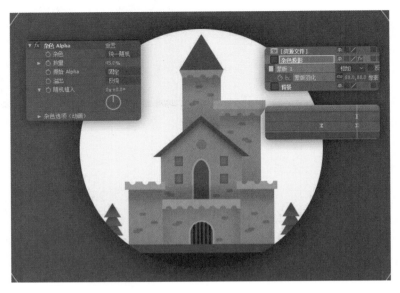

图 4-55　调整杂色投影动画

最后使用切图素材完成云朵的动画效果制作，这样整个案例就完成了。

案例小结

　　制作这个案例最主要的目标是让大家学会对规律性的内容进行管理和复用。很多优秀的 MG 作品实际上都很善于合理地重复一些规律性的内容，而且并不一定是为了提高效率，因为规律性的内容很容易让人形成基本的认知，并且相对来说更容易接受和理解。在技术上，通过对一些层级的区分来管理可复用的动画和素材，是我们必须学会的制作技巧。只有这样，我们才能更加高效地完成 MG 的创作。

4.4 爱听音乐的设计师

在一些微场景类型的 MG 作品中，我们时常可以看到一些人物角色的日常活动，如行走、工作或娱乐活动等，这种类型的动画由简单的人物造型设计和重复的运动过程构成。对一名设计师或者设计爱好者而言，他们的艺术鉴赏力和欣赏水平很高，会习惯性地把一些艺术氛围带到他们的生活和工作中。这一节会教大家制作一个设计师正在听音乐的 MG 作品，动画效果如图 4-56 所示。

图 4-56　动画效果

扫描二维码

查看案例最终效果

4.4.1 基本分析与设计思路

关于骨骼动画，采用 After Effects 自带的基本功能来制作虽然可以实现，但多少会有一定程度的限制，调整起来效率也并不高，且效果往往不尽如人意。对于人物角色的运动模拟，我们通常会采用骨骼动画的形式来完成。AE 除了自带的图层关联器及操控点工具，还会借用一些脚本或插件来强化 2D 骨骼动画的制作。本案例会继续使用这些插件，而在制作过程中最为复杂的部分实际上是对角色骨骼的绑定，正确绑定骨骼才能让动画制作事半功倍。

核心动效： 本案例的核心效果是人物角色的规律性运动，主要是肢体的拉伸和旋转。由上端肢体控制下端肢体的运动，此为正向动力学。而肢体末端接触到物体或者地面，通过发力来反向驱动肢体上端甚至是身体的运动，此为反向动力学。此案例的核心动效就是通过骨骼绑定的方式来准确模拟这种运动方式。

特效： 主要由咖啡的热气、电脑屏幕中出现的软件图标的演绎构成。其中咖啡的热气效果使用了新的制作方法来模拟流体（气体）的运动与融合。

4.4.2 制作过程

◎ 调整中心点位置

新建一个合成，命名为"总合成"。设置"宽度"为800像素，"高度"为600像素，"帧速率"为25帧/秒，"持续时间"为13秒。将素材文件导入"项目"面板中，使用"锚点工具"将图层的中心锚点移动到正确的关节位置，如图4-57所示。

图 4-57　调整中心点位置

每个图层的中心点位置的不同会在很大程度上影响最终的动画效果和关节的活动范围，建议大家参考工程文件中每个图层的中心点位置来设置。这里不需要使用关联器去设定图层之间的从属关系，只需调整好中心点位置即可。但是注意"手指"图层需要使用关联器把它的父级关系绑定到"右手"图层上，这样在后续的制作中才不会出问题。

◎ 绑定骨骼

打开 Duik 插件，执行"窗口 >duik"菜单命令。打开插件面板后单击自动绑定图标，并单击"掌行生物"，可以看到从腿部开始设置绑定，跟着向导选择正确的图层直到完成设置。没有的部件选择"无"即可，如图 4-58 所示。

完成后，插件生成数个控制器（空对象），包括腰部牵拉整个躯干的运动、颈部的旋转及手脚的运动。通过这些控制器来创建动画，即可完成丰富且协调的角色运动。

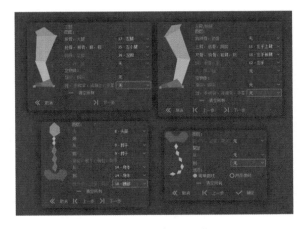

图 4-58　曲动绑定设置

◎ 制作角色循环动画

腰部一共生成两个控制器，即"C_C 腰部"和"C_ 腰部"。针对这两个控制器创建"位移"和"旋转"属性的动画，即可产生丰富、协调的整体运动效果。对"C_C 腰部"的"位置"属性记录关键帧。在第 12 帧的位置将参数由原本的"9.1,17.5"改为"8.1,17.5"，在第 24 帧的位置再改回来。注意，这里需要把合成画布放到最大，运动轨迹可以看到曲线手柄，将其拖曳成近似圆形，让其构成一种环形运动，如图 4-59 所示。

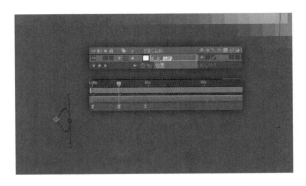

图 4-59　将运动轨迹调整为近似圆形的曲线

完成后复选 3 个关键帧，转换为"缓动"关键帧，并为其添加循环表达式。接下来对控制器"C_ 腰部"的"旋转"属性记录关键帧，在第 12 帧的位置将其参数改为 0x+2.0°，在第 24 帧的位置再改回来。复选 3 个关键帧，转换为"缓动"，并为其添加循环表达式。

完成腰部的动画之后，继续制作头部的动画。接下来对控制器"C_ 头部"的"旋转"属性记录关键帧，在第 12 帧的位置将参数改为 0x+20.0°，在第 24 帧的位置再改回来。复选 3 个关键帧，转换为"缓动"关键帧，并为其添加循环表达式。

除此之外，还有一些部分也是循环运动的。例如，打节奏的右手及踏地的右脚，这些内容可以参考工程文件来完成，此处不再赘述。

◎ 角色动画的其他部分制作

循环动画是为了增加动画的生动性，在此基础上需要制作主要动作，这个角色的主要动作是操作鼠标及腿部的运动。首先是肩膀的运动，在 2 秒的位置对控制器"C_Shoulders"的"位置"属性记录关键帧，持续时间为 12 帧，将参数由"-52.5,-124.0"改为"-22.5,-124.0"，如图 4-60 所示。运动曲线为先急后缓，即先将关键帧转换为"缓动"，再手动调节曲线让运动开始的位置变陡峭。

图 4-60　制作肩部动画

对"C_左手"图层的"位置"属性记录关键帧，持续时间为 9 帧，将参数由"0.0,0.0"改为"19.0,0.0"，运动曲线为先急后缓。这里有一个单击鼠标的细节，插件并没有对其生成控制器，需要去身体组件里寻找。在 03s 的位置对"手指"图层的"旋转"属性记录关键帧，向后走 4 帧，将参数改为 0x-18.0°，再向后走 4 帧还原回来，并且把关键帧转换为"缓动"，如图 4-61 所示。

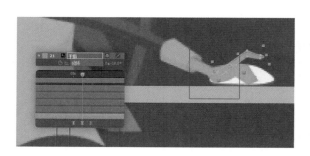

图 4-61　制作手指动画

单击鼠标后出现的圆环特效的制作方法同本章的第 2 个案例一样，使用了"位移路径"的形状图层效果，对"数量"属性进行了记录，并且改变了"描边宽度"。如忘记制作方法，请复习案例 2，以确保自己学会这个动画效果的制作方法。

完成上述动画的制作后，要注意检查动作的连贯性，看肩膀、手、腿和脚的运动是否协调。可以想象自己在实际的运动过程中，会如何协调先后关系，这部分可通过拖曳各图层关键帧的先后顺序来调整。

◎ 制作特效

特效主要由音符、屏幕光线、咖啡热气及 Photoshop、Illustrator、After Effects 图标的演绎构成。其中音符使用了定格帧，屏幕光线进行了不透明度变化的循环，这些部分都很简单，在此不再详细讲解。新知识主要是在咖啡热气的制作上，3 个软件图标的特效则是综合运用了一些已有知识。下面将重点讲解这部分是如何制作的。

咖啡的热气属于流体，有一定的融合度。在扁平化的插画设计中，直接使用粒子状态的仿真烟雾效果会出现风格冲突的问题。扁平化的烟雾制作需要使用一些新的思路，这里主要采用"简单阻塞工具"。

新建 3 个形状图层，使用"椭圆工具"分别绘制 3 个圆形，并且将它们打包为预合成，命名为"热气"。双击进入预合成"热气"，创建一个调整图层并选中，执行"效果 > 遮罩 > 简单阻塞工具"菜单命令，将"阻塞遮罩"的属性值改为 4.80。此时拖曳各形状图层的圆形对象，可以发现已经产生了黏性效果，如图 4-62 所示。

图 4-62 用"简单阻塞工具"制作黏性效果

记录 3 个形状图层的"位置"和"旋转"属性的关键帧，参考图 4-63 所示曲线、关键帧设置，让 3 个"烟雾"产生缓慢地升起、缩放与融合的自然效果。

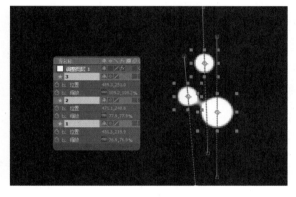

图 4-63 制作烟雾运动效果

烟雾整个运动过程的"持续时间"为"0:00:04:05"，也可在"合成设置"中修改。完成后回到"总合成"中，将预合成"热气"复制 4 次后进行前后交错排布。此处不宜使用循环，如果使用循环，前后播放的间隔过大，会影响动画效果。这个部分要达到自然的效果，就需要进行多次调整。

接下来制作 Photoshop、Illustrator 和 After Effects 这 3 个软件图标的动画。首先是 Photoshop 图标的动画效果。新建一个形状图层，用矩形工具创建一个正方形，并将图层内的矩形对象复制 3 次，分别重命名为"背景""PS 背景""PS 背景 2"，分别填充颜色为 #DFF9FF、#06C9FF、#001D26。使用文字工具输入"Ps"，文字颜色的色值为 #04C9FE。选中文字图层并单击

鼠标右键，选择"从文字创建形状"，如图 4-64 所示。

图 4-64 从文字创建形状

从文字图层转换为形状图层后，形状图层会按照文字中的"P"和"s"区分图层中的形状对象，单独对它们制作动画效果。这一组动画使用了简单的缩放、位置运动和不透明度变化来完成，并且复制了屏幕光线图层作为轨道遮罩。这里可以参照工程文件中的方式来制作，也可以按自己想要的效果进行创意。

完成 Photoshop 图标的动画效果后，复制一次 Photoshop 的效果图层，并修改颜色和图层名称，分别填充颜色为 #DFF9FF、#261300、#FF7D02。然后将文字内容删除，用文字工具输入"A"和"i"，文字颜色为 #FFFCD8。单击文字图层选择"从文字创建蒙版"，该操作会将文字转换为"纯色 + 蒙版"的形态，选中这个图层，并使用快捷键来修改颜色 [快捷键为 Ctrl+Shift+Y（Windows） 或 Command+Option+Y（macOS）]，如图 4-65 所示。

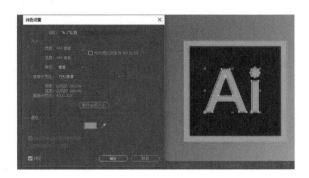

图 4-65 纯色设置

其次是 Illustrator 图标的动画效果。其中代表图标外框的背景动画使用修剪路径来制作"走线"动画，这里需要关闭"填充"色而打开"描边"色。文字部分则是对蒙版的"蒙版羽化"属性创建的动画。

最后是 After Effects 图标的动画效果。这个部分将入场背景（色值为 #DFF9FF）的形状图层单独分离出来，其余部分则单独分为一个形状图层，将其重命名为"Ae 2"，其中各层对象的色值分别为 #D0A2FF、#231338。"A"和"e"的文字处理方法同 Photoshop 图标的制作方法一致，都使用了"从文字创建形状"。

接下来给这个图层添加一个图层特效。单击形状图层下"内容"右侧的"添加"图标，选择"扭转"。展开"扭转"这个折叠选项，对其中的"数量"属性记录关键帧，在 16 帧的时间跨度内将属性值从 42.0 变为 0.0。最后再给该图层添加一个效果，执行"效果 > 模糊和锐化 > 径向模糊"菜单命令，"类型"设置为"旋转"，对其"数量"属性记录关键帧，在 10 帧的时间跨度内将属性值从 28.7 变为 0.0，如图 4-66 所示。

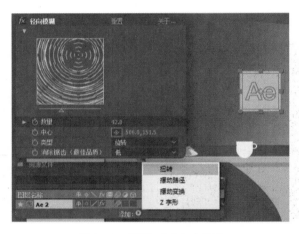

图 4-66　设置扭转和径向模糊

3 个图标的动画效果和运动曲线皆为先急后缓的运动节奏。所有的图层特效制作完成后，针对 Photoshop、Illustrator 和 After Effects 的图标图层打开"运动模糊"开关，进一步提升动画的视觉效果。

案例小结

整体来讲，这个案例的制作难度并不大，其主要目标是让大家再次熟悉骨骼动画的制作。需要注意的是，本案例为大家提供了素材文件，大家在制作过程中需要观察素材文件的分块及中心点的位置，中心点位置的不同会大幅度地影响运动变化。对于骨骼系统的理解较生疏的读者可以回到第 2 章的插件讲解部分继续学习，运用核心知识点即可轻松创建出合理的骨骼系统，以满足制作中的各类需要。

除此之外，各类型的特效实际上都是由简单的效果叠加而成的，更多时候是多种尝试和思考的结果。书中主要介绍的是制作方法，并结合前面所讲的知识进行组合。大家可以根据自己的想法来做一些调整，不必拘泥于对某种效果的还原，更多的是学习内在的思路。

第 5 章

MG 设计的创意提升与未来发展

前面讲解了软件的入门知识和进阶创作方法，以及 MG 创作的核心技巧。

在学习过程中，可能有一些读者的兴趣更多的是在通过操作软件来实现某种效果上。实际上很多效果都是会随着设计潮流变化而变化的，如果一味追求效果而不去观察流行现象背后的本质，不积累创意方面的经验，那么你可能长期都无法具备良好的创作力。本章作为最后一章，会给大家分享一些提升创意的方法及一些设计趋势和 MG 未来发展的内容。

5.1 搜集并分类优秀的 MG 作品

全世界范围内有非常多优秀的 MG 作品，还有很多活跃在设计师网站的动态图形设计师。读者可以通过搜集优秀作品来提高自己的审美能力，开阔自己的眼界，从而掌握设计潮流。将搜集到的 MG 作品分类，找到自己喜欢的创意风格，并从这些优秀作品中学习创意和技巧。本节将着重介绍如何搜集优秀的 MG 作品及对优秀作品进行分类。

5.1.1 从网上搜集 MG 作品

优秀的 MG 设计师们都在哪些网站中出现？我们如何才能看到优秀的 MG 作品？相信这也是很多读者想要提的问题。事实上，因为各种各样的原因，我们对信息的掌握会受自己的认知和行业圈子的限制，从而错过很多信息来源。下面将为大家推荐一些能够持续搜集到优秀的 MG 作品的网站。

◎ Behance

Behance 是 Adobe 公司旗下的一个创意作品发布平台，聚集了各领域中的顶尖设计人才。在 Behance 上，你能够搜索到顶尖的视觉设计项目、各类型的作品集，还有优秀的设计师团队等，如图 5-1 所示。在这个网站上，你可以与优秀的设计师进行交流，从他们的作品中学习到更多创作技巧和创意。

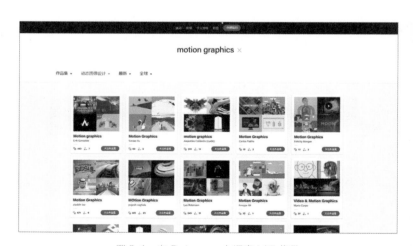

图 5-1　在 Behance 上搜索 MG 作品

使用 Adobe ID 即可登录 Behance，可以在网站顶部搜索栏中输入 motion graphics 并进行搜索，下方的筛选项可以帮助我们挑选自己所需的分类作品。例如，笔者筛选的是作品集，打开每一个作品集会看到多组 MG 作品，单击进入后即是作品的详情页面，如图 5-2 所示。

图 5-2　MG 作品的详情页面

MG 作品通常会有 GIF 格式的图像和视频等形式，在网络速度不佳的情况下，可以通过保存 GIF 图像进行收藏，还可以对作品进行点赞、评论等操作。通常我们看到优秀的 MG 作品时，一定要记得关注作者和作品集，这样在下次登录时就能第一时间看到有关作者和作品集的推送动态，以便继续搜集更多的作品。此外，也可以把自己喜欢的作品添加到作品集中，以便进行收藏整理。

◎ Dribbble

Dribbble 是一个面向设计师和艺术工作者的在线交流社区，设计师和艺术工作者可以通过发布作品进行自我推广。在 Dribbble 平台发布作品，需要通过官方审核或者得到已成为其正式用户的设计师邀请才能获得权限，相对来说具有一定门槛。然而未获得发布作品权限的用户，也可以搜索观看优秀的作品，Dribbble 中发布的优秀作品的数量很庞大，如图 5-3 所示。

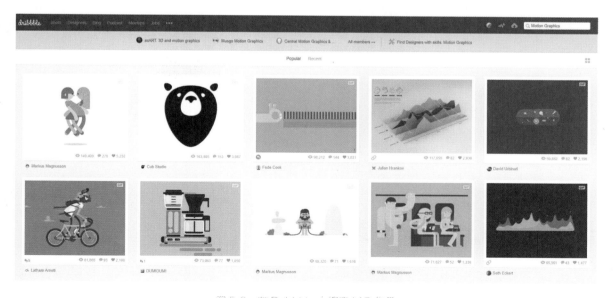

图 5-3　在 Dribbble 上搜索 MG 作品

Dribbble 上的 MG 作品文件较小，通常 GIF 图的尺寸为 800 像素 ×600 像素，这样可以短时间内在 Dribbble 上浏览更多的作品。同 Behance 一样，我们也可以在 Dribbble 上进行点赞、评论或关注发布者等操作，如图 5-4 所示。

图 5-4　Dribbble 上的 MG 作品

◎ 其他网站

除了上述两大设计师网站，我们还可以访问 Vimeo 视频网站（见图 5-5）或其他网站来搜索 MG 作品。

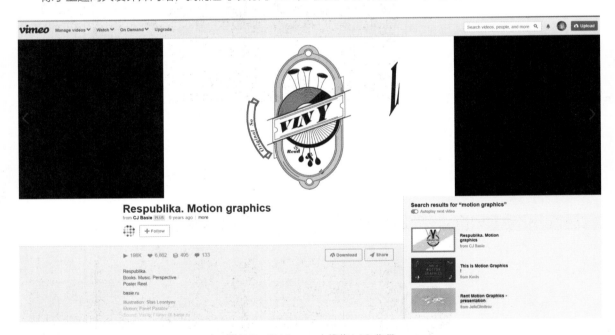

图 5-5　在 Vimeo 上搜集 MG 作品

5.1.2 MG 作品分类

搜集了一定数量的 MG 作品后，需要给作品分类。分类的方法有很多，可以根据自己的需要来定义分类的规则，在这里笔者也整理了一些分类方式供大家参考。

◎ 按照作品大小和规模分类

有的 MG 作品是一个项目，如产品宣传类的 MG 作品，有的作品仅为设计师进行练习或者表达创意的小制作。按照作品的体量和规模分类，可方便对作品进行准确定位和学习。项目类的作品，主要是团队成员共同创作的，相对来说更加专业和复杂，对于独立设计师或者 MG 爱好者而言，模仿及临摹难度大，因此以欣赏和思考为主。而体量相对较小的作品，我们可以去深入研究，在借鉴的过程中学习创意和技巧，并应用于自己的作品中。

※ 大型项目

大型项目一般包括节目的整体包装、体育赛事宣传方案、公司产品宣传和广告等，可能包括多部 MG 影片，如图 5-6 和图 5-7 所示。大型项目通常由中型或者大型设计师团队协作完成，流程分工明确、专业度高，所使用的技术相对先进并且复杂。从直观上讲，这类项目更具震撼力，能让人感受到作品所要传达的信息，以及品牌的形象和企业价值。

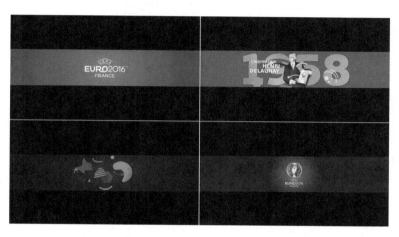

图 5-6　大型的 MG 作品（1）

若你对这样的项目充满了浓厚的兴趣，想要成为参与者，就需要加倍努力磨炼自己创作 MG 的能力，整理作品并尝试投递简历，进而加入专业的 MG 设计团队中。

图 5-7　大型的 MG 作品（2）

※ 中型项目

中型项目主要为广告类型的 MG 作品，如用于发布会的 MG 影片，其时长可能在 1 分钟以上。前面多次提到的"Designed by Apple in California 2013"就属于中型项目。至少对个人设计师而言，完成这样的项目所要花费的时间并不短，这类项目可能会采用团队的方式来制作。相对大型项目来讲，中型项目类的 MG 影片所传达的更多是对单一产品的功能和概念的表述，或者说是纯粹的视觉信息传达，如图 5-8 所示。

对个人设计师而言，若能在行业中积累丰富的制作经验，或者之前已经小有名气，接到这样一个中型的 MG 项目并非不可能。对于这类作品的整理和学习，不能只停留在欣赏的层面，而要研究它是如何制作的，并且要将它重现出来。

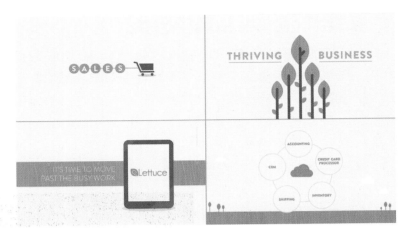

图 5-8　中型的 MG 作品

※　小型项目

小型项目的定义比较宽泛，主要指那些短期内可以完成的作品，其中很大一部分都不能算作项目，如图 5-9 所示。我们在设计师网站上看到的绝大部分 MG 作品都可以归到此类。有时候我们看到一个简短的 MG 作品，如一个数秒的 GIF 图像，对于熟悉 MG 制作的读者来说，可能花一下午时间就能重现出来。小型项目是我们提高制作能力很重要的途径，短小的作品中所包含的创意点各不相同，学习的时间成本也相对低一些。

图 5-9　小型的 MG 作品

需要注意的是，小型项目的制作流程通常会被淡化，甚至完全没有流程管理的必要。若你要全面提升制作水平，就不能仅限于长期临摹简单的 GIF 图像。可以考虑把自己的作品系列化，或者整理出一些可以连续制作的创意点来扩大作品的体系。

注： 按照项目规模进行分类是直观而粗略的，其主要目的是区分制作流程所需的时间成本。这种分类所带来的问题也很明显，无法在内容类型上作区分，所以很难形成设计风格。因此，对研究者而言，他们几乎都会转向对小型项目的模仿。对于这种分类方法，笔者建议大家仅在初期搜集和分类时使用，随着自己能力的提升，再逐步改进分类方法。

◎ 按照制作技术分类

按照制作技术给 MG 分类，能够区分 MG 的实现方式，便于我们对某一类型的技术进行深入的研究。在搜集与分类的过程中，若以技术方向进行分类，那么在日常搜集的过程中就会有意识地去寻找这一类型的作品。按照制作技术分类主要是根据工具类型或使用的技术方法来进行区分。

※ 2D 和 3D 的区分

2D 和 3D 可能是最直观，同时也很重要的一种分类方式。由于 2D 和 3D 在视觉上存在巨大的差异，创意思路也会受此影响而让作品的形态发生很大的变化，如图 5-10 和图 5-11 所示。2D 的 MG 作品比较多，也是本书重点讲解的内容。在 After Effects 中可以开启 3D 属性配合摄像机让平面物体做 3D 运动，另外就是使用插件来制作简单的 3D 模型。此外，还可以使用其他工具制作 3D MG，如 Cinema 4D 等。

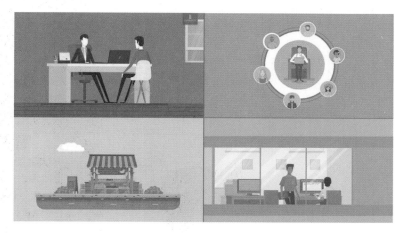

图 5-10　2D 的 MG 作品

区分 2D 和 3D 的 MG 时，不建议大家以是否创建了真正的 3D 模型来进行判断。只要是运用三维空间知识完成的 MG，如空间运动、光线、摄像机等手段的都可以理解为 3D 的 MG。例如，前面所讲的摄像机案例作品，也可以归到 3D 的分类。

图 5-11　3D 的 MG 作品

※ 特殊工具应用占比的区分

很多 MG 作品采用了多种自动化技术手段来实现效果，如使用表达式或插件等。相对而言，另外一些 MG 就比较容易看懂是如何实现的，因为这些 MG 多半使用了较为简单的功能来表达创意。这两种 MG 通过这个方式来区分，最大的好处就是可以有针对性地提高我们对这些比较难的知识点和技术的认知能力。

注： 图 5-12 所示案例是 ExtonGraphics 发布的一个 MG 作品集锦，其中的图形大量运用了方块抖动特效，一些装饰性元素也运用了 After Effects 中的各类特效。这种类型的案例适合用来细致分析，可以尝试重现效果，建议大家在研究的过程中记好笔记。

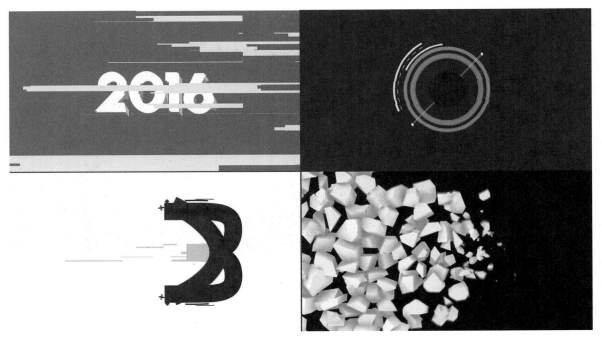

图 5-12　使用特殊工具制作的 MG 作品

　　相比于注重采用更多技术手段完成的 MG，比较容易制作的 MG 也并非不需要受重视。它更多的可研究价值集中在内容创意和表现形式上，如图 5-13 所示。正因如此，这类作品需要与侧重技术表达的作品进行区分，以便我们平衡掌握各项能力。

图 5-13　使用一般技术手段制作的 MG 作品

　　对搜集的作品进行分类，目的是服务于学习者自己，因此分类结果存在主观性是完全没问题的。并非炫技的 MG 作品就一定没有创意。相反，内容新颖的 MG 作品也不一定非常容易实现，对这一切的判断主要看自己。

◎ 按照内容分类

内容是 MG 作品中最重要的东西，MG 中的内容能在较短的时间内传达大量信息，这种艺术形式的核心就是对内容的重新整理及加工表达的过程。MG 的内容可以按照抽象、具象、传统动画型等方向进行分类。

※ 抽象的 MG 作品

抽象的 MG 作品使用一些非常基本的图形元素作为舞台角色，并融入作者的想法，如图 5-14 所示。大部分情况下，我们所看到的抽象的 MG 作品，都是通过感官刺激引起观者心理和情绪变化，进而引导人们去思考图形所表达的含义。抽象的艺术作品通常不容易被解读出作者的想法，因而值得人们去反复品味。

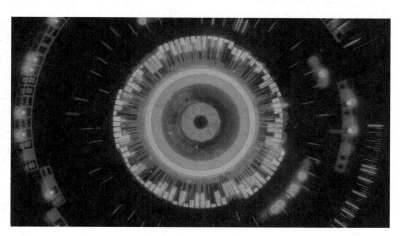

图 5-14　抽象的 MG 作品

※ 具象的 MG 作品

具象的 MG 作品中通常会有对自然环境和生活场景的模拟，并且以简短的情节表达出来，如图 5-15 所示。我们看到的很多小型 MG 作品，就包含由生活场景所延伸出来的想法。例如，将日常生活及工作的场景，或者多个生活场景组合到一个镜头里。具象的 MG 作品的精彩之处在于它能够压缩一些有趣的画面，在短时间内吸引人看完作品。

图 5-15　具象的 MG 作品

近几年的 MG 作品，特别是在设计师网站能找到的一些小型项目中，都开始含有这样的小场景，并吸引了大批爱好者加入。相对来说，这种类型的作品创作周期较短，并且跟上了移动互联网时代的设计潮流，受到了极大的欢迎。

※ 传统动画型的 MG 作品

将传统动画融入 MG 后，一些创作者开始让 MG 有故事剧情，如图 5-16 所示。独白类的 MG 动画，大量使用关系镜头交代人物角色，简化情节动作，在视觉动态上采用 MG 的创意方式进行表达。传统动画型的 MG 作品偏向内容表达，可以与独白类的 MG 动画归到一类。

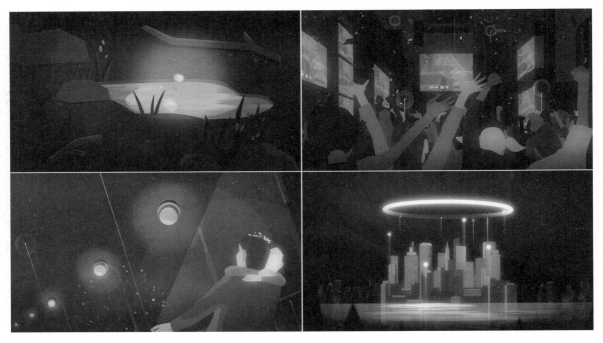

图 5-16 传统动画型的 MG 作品

欣赏传统动画型的 MG 作品时，可以把它当作微型动画电影。因为有完整的美术设定、场景布局及打光和色彩，作品更能够触动观众的情感。对于这种类型的 MG 作品，我们要多花心思在制作流程和内容构思上，而不仅限于对实现手段的研究。

◎ 总结

对 MG 作品进行搜集和分类，主要目的是服务于阶段性学习。作品的分类方法可根据需要进行调整，并非一成不变。大家要学会整理搜集的作品与参考资料，删减一些已经不再优秀的作品，时常更新自己的收藏夹。有的时候，观看与思考也会带来进步，进步并不只是一味地去实践。

希望大家不要拘泥于一种分类和整理的方法，上述 3 种分类方法并不相互独立，可以根据需要综合运用。根据项目大小所进行的分类为入门级分类；针对制作技术或者侧重内容而进行的分类属于进阶分类。当我们进行创作时，需要更加注重对内容和创意的打磨。

5.2 明确喜欢的设计风格，分享自己的作品

经过一段时间的作品搜集和欣赏，我想你已经明确了自己喜欢的 MG 类型，也许是抽象的，也许是具象的，也许你侧重研究各种高难度技术，又或者你喜欢把 MG 当作情怀电影来演绎。无论如何，你已经有了一个方向，并知道什么样的艺术作品才是你所追求的。

5.2.1 受谷歌涂鸦影响的 MG 风格

在研究 MG 的过程中，笔者一直比较喜欢谷歌的设计风格。明快的配色、生动的角色，以及广泛涉及的题材，让人感受到了文化的多姿多彩。谷歌的 MG 设计风格最早来源于涂鸦，即谷歌涂鸦（Google Doodle）。从 1998 年开始，谷歌在一些节日或纪念日对其主页的 logo 进行特殊装饰和设计。

2010 年，谷歌涂鸦开始出现动态版本，这种带有交互的动画效果受到了广泛的欢迎。例如，2010 年 5 月发布的《吃豆人诞生 30 周年》涂鸦，人们可以用计算机控制涂鸦中的角色去还原游戏场景，感受 20 世纪 80 年代的游戏体验，如图 5-17 所示。不过由于谷歌设计的内容包罗万象，也存在一些文化和理念冲突，甚至引来很多争议。

在此之后，谷歌的互联网产品逐渐开始形成了自己的插画风格，并广泛运用于各类产品中，本书中很多案例配图均取自谷歌的产品宣传。谷歌多年来积累的艺术风格在 MG 中表现得淋漓尽致，并且与谷歌的设计语言 Material Design 进行了融合，强调二维平面上的空间感。

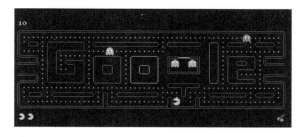

图 5-17　吃豆人诞生 30 周年

除此之外，谷歌还擅长在 MG 中加入交互设计。一些阶段式播放的卷轴动画被断开，需要用户操作才能继续播放，这样增强了故事性和参与感，也与内容相辅相成。

5.2.2 明确喜欢的设计风格

谷歌的 MG 作品的设计风格并不是每个人都喜欢，对很多在平面设计上研究比较深入的设计师而言，最为简单和基本的图形才是核心的视觉元素，而偏向插画和具象角色的设计风格不是他们的最佳选择。也许你会喜欢案例中的一些作品，可能会明确喜欢的设计风格。那么明确喜欢的设计风格的意义是什么呢？

◎ 帮你找到坚持学习的方向

相对于不固定的设计风格，研究一种风格可以持续不断地深入下去。从入门到进阶的学习过程中需要大量临摹，深入研究一种风格，会让能力持续提升。从一开始临摹作品到关注一些影响 MG 艺术表现力的内容，最终能够概括出关于这种风格的特征，并加入自己的理解，甚至能够看出这类作品的不足。明确喜欢的设计风格，对长期学习和深度学习来讲具有重大意义。

◎ 帮你逐步形成个人的设计风格

在学习阶段，追逐和模仿高手的作品是主要的学习方式。能够将优秀的作品重现出来是一切自信的源头，切不可过早地建立自己的设计风格，不如先把某些案例做完，再对其进行更多的改变。例如，改变角色的造型、运动方式，或者换一个不同的场景，之后再逐步增加原创的内容。一段时间后，便可以进行自主创作了。就笔者自己的学习经历来讲，设计风格是接触很多不同作品之后融合自己理解后的产物。所以，最重要的还是多观看、多练习。

需要注意的是，临摹他人的作品可以帮助我们形成自己的风格，但长时间只研究一种风格也有局限性。所以我们应时常搜集和整理不同风格的 MG 作品，找到自己喜欢的并对其进行研究和分析，逐步形成个人的设计风格。

注： 如果你还没有喜欢的设计风格也没关系，形成个人的设计风格需要时间，我们可以利用业余时间搜集 MG 作品，也可以和别人讨论，了解为什么有的风格会被人所喜欢，以及当前流行的设计趋势是什么。或许在某个时候，你突然就对某个作品有了很多感触，通过关注作者及其作品，从此就有了自己喜欢的设计风格。

总之，我们在任何时候都要轻松地去看待 MG 作品，它会给我们带来快乐。或许你需要看很多遍才能完整地接收某个 MG 作品所传达的信息，甚至把它重现出来，但这些过程都能增进你对 MG 的理解。希望你能早日明确喜欢的设计风格。

5.2.3 分享和交流

◎ 分享作品

把自己的作品分享到在线平台上,是一种很好的提高能力的方法。在评论中了解大家的看法,磨炼自己,正视问题并且努力改进。如果你觉得本章刚开始介绍的设计师平台让你望而却步,你也可以先选择国内的一些设计师交流平台。国内也有很多优秀的设计师平台,一些优秀的设计师在 Behance 和 Dribbble 等网站都有自己的主页,并且有很高的关注度。他们同时也在国内的设计师网站上发布作品,让我们可以不受语言限制地与他们进行交流。在这里,笔者推荐大家选择站酷和 UI 中国这两个网站发布自己的作品。

◎ 加入社群交流

现在有很多优秀的设计师都开设了自己的社群,以便与更多的人进行交流和互动。得益于即时交流工具的时效性,我们可以不用像过去一样在技术论坛中发帖并等候回帖,只要大家都在线,就可以即时交流。笔者推荐大家选择社群方式进行交流,好的社群氛围会鼓励大家互相帮助,并且可以分享一些好的学习资源,不定期组织各种类型的学习活动。利用好这些资源,我们就能快速提升自己的 MG 制作能力。

5.3 设计趋势的变化

在本书的最后，笔者想与大家探讨关于设计趋势的变化及 MG 的未来发展。笔者对这些问题思考了很久，如今很高兴能有机会做一次这样的分享。设计趋势随着时代发展而不断变化，任何一个新的设计潮流的诞生都是各种因素综合作用产生的结果。科技发展促进了科技产品的创新，从而打开了新的市场，培养了新的用户，于是出现了很多新的内容平台。移动互联网为 MG 带来了新的能量，让很多设计师加入 MG 的创作中。接下来就让我们好好聊聊这些事吧。

5.3.1 设计风格的变化

◎ 扁平化风格的诞生与演化

2012 年 10 月 26 日，微软发布了 Windows 8 操作系统，带来了 Metro UI 的设计理念。由色块、图标和文字构成点击区域，并且能够触控点击，图形元素不再具有各种各样的材质样式，甚至让人感觉不到图标的视觉厚度，这就是扁平化的概念。Metro UI 后来改名为 Modern UI，并且这个设计理念一直沿用到 Windows 10 系统。而 Modern UI 的视觉设计语言也被应用于微软的手机 Windows Phone 系统的 UI 中。如今，我们早已非常熟悉这样的设计风格了。

2013 年，苹果紧跟趋势发布了 iOS 7 操作系统，向人们展示了它惊人的变化。曾经以精致拟物化示人的 iPhone 图标，全部变成了毫无空间深度的扁平化图标，甚至去掉了按钮边框，只留下了可点击的文字。微软和苹果设计风格的变化，一时间让我们难以适应。两家巨头带来的趋势性变化，快速引领了互联网的视觉设计风潮，全世界的产品转眼间都把自己的视觉设计"拍扁"了。从 iOS 7 到 iOS 10 系统，视觉设计风格在不断地发生着变化，但整体而言，扁平化的设计理念始终存在。

事实上，扁平化视觉设计风格的到来，也是一个综合因素作用的结果。由于移动互联网的飞速发展，传统计算机和移动设备的关系越来越紧密。从技术和成本的角度来看，如果我们能使用一套设计来满足多设备共用需求，这无疑是最佳之选，扁平化正是诞生于这样的时代背景和需求之下。当我们熟悉了这种似乎在某种程度上略显"复古"的设计风格之后，会发现在视觉扁平化之下，更重要的是一种理念的扁平化。

从使用功能上来看，扁平化的图标与写实拟物化图标最大的不同在于视觉元素的隐喻和行为化。我们不一定会使用很直接的含义去表现产品功能，可能会根据很多约定俗成的行为方式去暗示这个功能。这是视觉文化变化所引起的文化覆盖效应。人们之所以能够适应扁平化设计，最大的原因就在于此。

产品结构的设计由视觉扁平化走向理念扁平化。我们在逐步减少繁杂的层级关系，使用最简单的方式搭建产品结构，让交互变得越来越简单和直接，并且已经让人们适应了各种使用习惯。这一切都是为了迎接下一个设计趋势的到来做准备。

◎ 扁平化对空间的探索

2014 年，谷歌推出了 Material Design 设计理念，即质感设计。质感设计以纸张为灵感，像纸一般接受光照后产生投影效果。质感设计很注重动效，点击按钮就会产生水波一般的扩散效果。质感设计将多设备适配做得更加彻底，实际上这种设计在很大程度上是为了开源的安卓（Android）手机操作系统而做的。全世界有不计其数的安卓设备，其屏幕尺寸各异，这也促成了谷歌愿意去做这样的探索。质感设计被广泛应用于网页、桌面程序和移动端程序。

谷歌对空间的探索，更多的是使用投影完成对空间关系的暗示。光线照射物体，照射不到的区域就会形成投影。使用纸张和卡片来承载内容，借着投影所表达的空间关系，让我们的屏幕显示效果不再扁平化，而变得具有空间深度。在动态效果上，谷歌通过动态变化来表达操作过程的连续性，让我们更容易理解功能之间的关系。另外，由于质感设计主张使用运动曲线，速度节奏的不同也带来了视觉层次的变化。

如果用扁平化的思路来衡量质感设计，似乎感觉设计趋势在"倒退"，因为质感正是对拟物的一种暗示。这种想法并不是错误的，但我们可以换一种思路来理解。之所以推行扁平化，事实上是受限于手机性能不足，过于炫丽的界面设计，可能会占用不必要的硬件资源。如果我们反过来想这个问题，设计趋势是被科技发展、市场与产品所影响的，那么作为螺旋式上升发展的其中一环，设计也在推动着科技的发展。即将到来的下一个设计趋势便是如此。

大家是否想过，也许未来某一天我们不再需要使用智能手机。这个想法似乎很疯狂，因为智能手机现在已经成了我们生活中非常重要的工具，我们使用智能手机快速处理各种各样的事务，提高了工作效率。但回顾过去，智能手机对我们生活的全覆盖也就几年的时间。这到底是科技对时间的加速，还是时间本身越走越快了呢？实际上这并不是最重要的，我们之所以能够适应这种越来越快的发展节奏，更深层次的原因是我们需要。

5.3.2 新技术的推动

◎ 真实与虚幻？ VR 和 AR 的时代已经到来

科幻电影般的生活正在到来。增强现实（Augmented Reality，AR）技术依靠可穿戴设备来实现增强现实的效果，利用计算机模拟三维空间，可让用户产生身临其境的感觉。根据用户的位置移动，计算机通过智能运算将精确的模拟空间匹配到用户的视野范围中。AR 技术能实时计算摄像机呈现的图像及位置变化，并在取景器中增加交互类型的图像，使人们能够在现实世界中与虚拟图像进行互动。

虚拟现实（Virtual Reality,VR）的概念最早可以追溯到 20 世纪 50 年代。由于技术发展的限制，这种幻想曾经只存在于科幻电影作品中，直到 20 世纪末才开始有成熟的商业化应用。虚拟现实设备在 20 世纪 90 年代开始大量商业化应用，最早的虚拟现实设备出现于电子娱乐行业。例如，世嘉公司（SEGA）于 1991 年发行了 SEGA VR 耳机，用于街机和 MD。1994 年，世嘉公司发行了可用于街机的运动模拟器 SEGA VR-1，它可以通过头部运动来制造 3D 图像。

到了 21 世纪，虚拟现实技术被应用到更多的行业。例如，谷歌推出的街景视图，可以查看世界各地的道路和全景视图。此外，虚拟现实技术也被用于商业地产项目，如一些地产公司提供使用 VR 看样板房的服务。近年来，各种 VR 设备也开始被更多的制造商生产出来，如图 5-18 所示。HTC、谷歌、三星、索尼等公司都生产了自己的 VR 设备。目前，市场占有率最高的 VR 设备是索尼互动娱乐生产的 PS VR，仅用于游戏领域。由此可见，全行业虚拟现实时代的发展才刚刚开始。

图 5-18　VR 设备

◎ VR 和 AR 技术带来的沉浸式体验

虚拟现实技术会让人沉浸其中，如果你体验过 VR 设备，就会感受到在虚拟环境中进行活动的刺激，所有的操作都是在虚拟空间中完成的，而虚拟环境并没有边界，除非你退出软件并关闭设备，回到真实世界。VR 给人带来的最大感受就是没有边界，每一次使用都会让人无干扰地沉浸其中，这是现有其他类型的设备无法做到的。

在经历了市场考验之后，虚拟现实带来的下一个时代就是沉浸式时代。当前我们在网络上不时地会看到各种支持 VR 体验的产品宣传和报道，大家对这种新奇事物的关注度似乎没有想象的那么高。这是因为市场上还没有出现更多足够优秀的产品，而且设备的用户覆盖度还比较有限。但一些用于虚拟现实产品设计的思路和设计语言已经开始出现。

◎ 沉浸式体验和 MG 创作

面对新趋势的到来，对设计师而言，在创作 MG 作品时应该有什么样的思维变化，这可能是在这个阶段需要思考的。事实上，从 MG 的众多创作形式中，我们已经能够得出答案了。

在 MG 创作中，有的是利用三维空间来表达平面图像或元素，这与 VR 的形式非常接近。在 VR 设备中看到的 MG 作品，可以让我们把已有的经验对接起来。而对于 AR 技术，有一种 MG 创作是通过对现实拍摄的影片中增加图形动态效果的方式完成的。对 MG 的创作来说，新技术提供了更好的展示舞台。如果你要跟上新趋势，更应该考虑去掌握 MG 创作的新技术。

5.3.3 MG 在各行业的应用发展

◎ 广告：你就在广告中

曾经我们在科幻电影中看到演员戴上智能设备来到一个虚拟空间，在其中演绎各种跌宕起伏的情节，让人大呼过瘾。对于将来的广告，我们可以大胆猜想，人可以进入广告中，去体验产品所带来的身临其境的感受。

阿里巴巴集团在 2016 年 4 月推出了一种购物方式，叫作 Buy+。用户通过使用 VR 设备可以完成商品挑选、购买、支付的流程。由 VR 设备中生成的虚拟三维图像模仿真实的线下超市，让用户坐在家里就可以进入熟悉的购物环境中购买商品，这种做法一时间成了热门话题。这就是未来广告行业的一种表达形式，我们可以将广告变成一个虚拟空间，让用户自由地看到空间中的任意角度并参与到广告中，从而加深他们对产品的印象。

MG 在其中所起到的作用，就是连接虚拟空间和用户。我们可以在虚拟空间中使用动态图形来引导用户通过进一步操作去了解产品功能，动态图形也可以作为产品功能的交互手段，让操作反馈变得更加生动、有趣。

◎ 影视：你就在电影中

对于电影这种艺术形式，我们再熟悉不过了。近年来为了增强视听体验，电影院升级了设备，推出了 3D 电影，甚至 4D 电影。我们可以通过 3D 眼镜感受画面中的空间深度，甚至感受一部分画面从荧幕中溢出来的场景，通过一些火爆场面及观众席座椅的振动设备感受虚拟世界的冲击，这些都是当前我们所能体验到的。

对于未来的电影，我们甚至可以大胆猜想观众会进入电影空间中，可以有限度地看到电影镜头下的空间关系。但这种猜想是否能实现，需要时间来验证。因为有些人认为电影本身就是通过镜头和情节来引导观众观看故事演绎，打破这种既定的规则，似乎会破坏电影原本的观看体验。

无论将来我们会看到怎样的影片，可以肯定的是，作为观众的参与感将会越来越强。而影视本身给 MG 设计带来的灵感也会推进这种艺术形式的发展。

◎ 游戏：你就在游戏中

这里我们讨论的游戏主要指电视游戏、网络游戏、手机游戏等数字形式的游戏娱乐方式。游戏作为一种参与感极强的娱乐方式，结合了影视的艺术性、动画的夸张风格及计算机程序的交互性，被称作"第九艺术"。

随着互联网时代与移动互联网时代的发展，接触游戏的用户群体越来越多，各种各样的艺术风格也在不断地以游戏的方式来呈现。MG 的风格理念也被融入游戏，成为游戏的美术风格，甚至是游戏方式。沉浸式时代的到来，以及虚拟现实技术在游戏中的应用，让游戏领域中的 MG 创作成了当下更值得我们去关注的方向。

我们作为用户在虚拟空间中扮演一个角色去和虚拟世界进行交互，甚至是将虚拟空间中的图像连接到现实世界中，这些都是当下可以通过技术手段实现的。未来世界可以用"心想事成"来概括，它将会为我们带来前所未有的娱乐体验。

◎ 未来：MG 就是真实的未来

我们在很多 MG 作品中看到很多信息被高度集中于很短的时间内展示，这是一种高效思维的体现。随着科技的发展，我们每个人所接受的信息也在快速增加。如何借助技术手段让我们在短时间内接收更多有效的信息，正是很多产品努力更新的方向，而 MG 也是基于这样的理念来创作的。随着技术的革新，MG 中隐喻的很多趣味性的场景都在逐步成为现实。